VINS SOPHISTIQUÉS

PROCÉDÉS SIMPLES

POUR RECONNAITRE

LES SOPHISTICATIONS LES PLUS USUELLES

ET SURTOUT

LA COLORATION ARTIFICIELLE

PAR

ETIENNE BASTIDE

Pharmacien de 1re classe de l'Ecole supérieure de Paris,
Ex-préparateur de Chimie à la Faculté de médecine de Montpellier,
Lauréat de l'Ecole sup. de pharmacie de Montpellier, etc.

QUATRIÈME ÉDITION

revue et augmentée

PRIX : 1 FRANC (FRANCO PAR LA POSTE)

PARIS
LIBRAIRIE J.-B. BAILLIÈRE ET FILS
19, RUE HAUTEFEUILLE, 19
Près du boulevard Saint-Germain.

1884

PRÉFACE DE LA 4e ÉDITION.

Le phylloxéra poursuit ses ravages. Chaque année des milliers d'hectares de vignes sont détruits par ce terrible insecte (1). La production du vin diminue et la consommation augmente. Le commerce, pour satisfaire aux nombreuses demandes, s'est adressé à l'industrie; et aujourd'hui il s'est créé de véritables usines, où l'on fabrique, avec toutes sortes de matières sucrées, des liqueurs alcooliques que le consommateur absorbe journellement, dans des coupages, sous le nom de vin naturel.

« Le commerce de la France a su conquérir et garder longtemps dans l'univers une réputation incontestée de loyauté; c'est un héritage précieux qu'il semble, moins que par le passé, tenir à honneur de conserver intact, et cependant jamais, en aucun temps plus que dans celui-ci, la France n'a eu besoin de l'estime du monde : il ne faut donc pas permettre que, par suite de la cupidité de quelques-uns, il y soit porté la moindre atteinte, et nous croyons fermement que le meilleur moyen de l'en préserver est de poursuivre énergiquement la fraude commerciale sous quelque forme qu'elle se produise (2). »

(1) M. Barral, dans une conférence faite le 1er avril 1882 à la Société d'encouragement pour l'industrie nationale, disait que plus de deux millions et demi d'hectares de vignes produisant en moyenne une récolte de 30 à 40 hectolitres de vin avaient déjà disparu.

Le rapport officiel (janvier 1883) de la commission supérieure du phylloxéra évalue pour la France seulement à 763,799 le nombre d'hectares détruits et à 642,978 celui des hectares ravagés et non encore complètement détruits.

(2) Rapport de MM. Bergeron, Bussy, Fauvel, Proust et Wurtz. 1877.

A la suite d'une circulaire de M. le garde des sceaux en date du 1er septembre 1879, M. Audibert, directeur général des contributions indirectes, adressait, le 4, à son nombreux personnel, les instructions suivantes : « Les vins de raisins secs, les piquettes, les mélanges de vins de vendange et de vins de raisins secs ou de piquette, etc., doivent en effet figurer sous leur véritable dénomination, avec la désignation expresse de leur composition, dans toutes les pièces libellées par le fabricant et le vendeur. » Ces instructions n'ont jamais été appliquées.

La sophistication des vins prend des proportions telles, que le dernier volume publié par le laboratoire municipal de Paris contient un rapport des chimistes, constatant qu'ils *n'ont osé faire connaître l'analyse d'un certain nombre d'échantillons de vins, parce qu'ils contenaient un épouvantable mélange de substances toxiques.*

Afin que le consommateur puisse protéger lui-même sa santé et sa bourse contre cet envahissement toujours croissant de fraudeurs, nous avons cru qu'une 4e édition de notre petit travail sur la sophistication des vins, épuisé depuis bien longtemps, pouvait avoir son utilité. Apprenons à nous protéger nous-mêmes : c'est le plus sûr moyen de faire disparaître la fraude.

La consommation du vin dépasse aujourd'hui de beaucoup la production naturelle. Nous ne pouvons pas cependant nous attendre à voir livrer, par le commerce, les vins artificiels sous leur véritable nom. Mais le consommateur, pour éviter un empoisonnement lent et progressif, dû surtout aux matières colorantes, devrait s'habituer à demander des vins artificiels. La fabrication de ces vins pouvant alors s'étaler au grand jour, les industriels rivaliseraient de zèle, d'émulation, et on atteindrait certainement, dans ce nouveau genre de production, la perfection à laquelle on est arrivé pour la fabrication de la bière.

AVANT-PROPOS

DE LA PREMIÈRE ÉDITION

Le vin est un véritable ALIMENT, aussi indispensable aujourd'hui à l'homme que le pain, la viande, le lait. Les boulangers, les bouchers, les laitiers, sont surveillés et punis à juste raison, lorsqu'ils trompent sur la nature et la qualité de leurs marchandises. Les vins seuls jouissent d'un favoritisme inexplicable. L'autorité permet les annonces, les affiches, les prospectus les plus coupables. Le négociant et le propriétaire finiront par prendre cette tolérance pour une autorisation. Aussi, dans l'intérêt de la santé publique, dans l'intérêt des propriétaires et des négociants honnêtes, nous croyons utile de résumer en quelques pages les procédés les plus simples pour reconnaître les sophistications les plus usuelles.

Il nous semble que les magistrats chargés de veiller à la salubrité publique pourraient ordonner aux agents du fisc de prendre, *sans sortir de leurs attributions*, dans la circulation et chez les débitants, des échantillons de vins pour les soumettre à des analyses sérieuses.

Parmi les procédés que nous donnons, quelques-uns peuvent être appliqués par tout le monde ; d'autres au contraire nécessitent une certaine habitude. Nous croyons cependant que le public pourra retirer de nos indications un profit certain.

PRÉFACE

DE LA TROISIÈME ÉDITION

Circulaire de M. le ministre de la justice et des cultes adressée aux procureurs généraux près les cours d'appel.

Monsieur le procureur général,

L'emploi frauduleux de divers procédés, en vue de modifier la nuance des vins, donne lieu, depuis quelque temps déjà, à des réclamations très vives.

La coloration artificielle s'opère de deux manières, soit au moyen de vins de coupage, soit par l'emploi de diverses substances tinctoriales qui ne possèdent aucune des propriétés du principe colorant fourni par la grappe.

La pratique des coupages ne doit pas être considérée comme constituant, par elle-même, une *falsification*, dans le sens de la loi du 27 mars 1851, rendue applicable aux boissons par la loi du 5 mai 1855; il est dit, en effet, dans l'exposé des motifs, qu'il n'est point entré dans la pensée du gouvernement de réprimer les opérations qui consistent, « soit à couper les vins de diverses provenances et de diverses qualités, pour donner satisfaction au goût public et au besoin du bon marché....., soit à imiter, par diverses combinaisons, les vins étrangers. » Aucune poursuite ne doit donc être intentée, en vertu des articles 1er et 3 de la loi de 1851, contre ceux qui détiennent et mettent en vente des vins ainsi travaillés. C'est dans le cas seulement où il serait prouvé que l'acheteur a complètement ignoré la manipulation subie par ces vins, que l'action publique pourrait être mise en mouvement contre le vendeur coupable de tromperie. En un mot, dans cette hypothèse, il convient de ne point exercer de poursuite pour fait de falsification, mais seulement, selon les circonstances, pour tromperie sur la qualité ou la quantité de la chose vendue.

Au contraire, le procédé qui consiste à relever la couleur des vins ou à la modifier au moyen de substances colorantes autres que celles fournies par la grappe, constitue, par lui-même, une falsification qui doit être réprimée, indépendamment de toute tromperie de la part du vendeur. Parmi ces substances, les unes peuvent être inoffensives, tandis que d'autres présentent un véritable danger.

La question de savoir si la coloration artificielle des vins « par des matières tinctoriales inoffensives » constitue le délit de falsification, dans le sens légal de ce mot, ne peut soulever aucun doute.

L'article 475, n° 6, du code pénal, punissait d'une peine de simple police la vente ou le débit de boissons falsifiées, même par des procédés inoffensifs, et un arrêt de la cour de cassation, du 25 février 1854, avait reconnu que cet article était applicable à la coloration par des matières tinctoriales étrangères à la couleur propre des vins, lorsque la loi du 5 mai 1855, abrogeant l'article dont il s'agit, a rendu applicable aux boissons la loi du 27 mars 1851. Il résulte de l'exposé des motifs que le législateur « n'a pas entendu restreindre ou changer le sens que la jurisprudence avait déjà donné au mot *falsification* »; mais il a eu uniquement pour but d'élever la pénalité et d'atteindre, en même temps que le vendeur, le falsificateur et le détenteur, jusqu'alors impunis. » Ce n'est pas, y est-il dit, un nouveau délit qu'on veut créer, ce n'est pas un nouveau mot qu'on introduit dans la législation pénale... Si les tribunaux ne se sont pas trompés jusqu'ici sur l'interprétation du mot *falsification*, pourquoi s'y tromperaient-ils aujourd'hui. »

Vous devez donc poursuivre les commerçants qui opèrent des manipulations de cette nature (art. 1er, § 1er, loi de 1851), qui détiennent dans leurs magasins des vins ainsi manipulés (art. 3), et qui les vendent ou mettent en vente (art. 1er, n° 2). Le fait de falsification est réprimé par la loi, alors même qu'il n'est pas suivi de vente, et, par suite, indépendamment de toute tromperie de la part du vendeur; la cour de cassation a décidé formellement par un arrêt du 22 juillet 1869, dans une espèce où il s'agissait du mélange inoffensif de trois-six avec des eaux-de-vie, « que le fait de vendre à un commerçant qui doit les revendre lui-même, et de livrer ainsi frauduleusement au commerce et à la circulation des boissons falsifiées, constitue le délit, encore bien que l'acheteur ait connu la falsification. »

Cette solution ne rencontre aucun obstacle dans le paragraphe 2 de l'article 2 de la loi de 1851.

Toutefois, Monsieur le procureur général, si le droit de mettre, en pareil cas, l'action publique en mouvement ne peut être douteux, il convient d'en user avec prudence. Vous remarquerez que, quoiqu'elle punisse la falsification et la détention des vins falsifiés, indépendamment même de tout fait de vente, la loi ne s'applique cependant, d'après ces termes mêmes, qu'aux boissons destinées à être vendues. Il est évident, d'ailleurs, que si la manipulation subie par le vin a pu avoir pour effet non seulement d'en relever la couleur, mais de l'améliorer, de le conserver, de lui faire subir une transformation utile, aucune poursuite ne doit être exercée. Il résulte de l'exposé des motifs qu'on n'a pas voulu entraver l'opération « qui consiste, suivant l'expression usitée en ce genre de commerce, à travailler les vins d'après des procédés fort divers, les uns très anciens, les autres indiqués par la science moderne. »

D'un autre côté, par cela même qu'à la différence de la législation antérieure, la loi de 1855 en rendant applicable la loi de 1851, punit, non plus une contravention de simple police, mais un délit, la question d'intention frauduleuse se pose nécessairement tout d'abord, et là où cette intention n'existe pas, le délit disparaît. L'exposé des motifs de la loi de 1855 contient, à cet égard, des déclarations très nettes. « On pourrait craindre que, sous prétexte de falsification et à défaut d'une définition précise donnée à ce mot, la loi vint entraver certaines opérations licites de mélanges qui sont usitées dans le commerce des vins. Il est bon, par conséquent, de déclarer qu'il n'est point entré dans la pensée du Gouvernement d'entraver en rien et de réprimer les diverses opérations loyalement faites et usitées dans le commerce. » Les mélanges auxquels les boissons sont soumises sont donc à l'abri de toute incrimination, lorsqu'ils sont conformes à des usages ou à des habitudes de consommation loyalement et très notoirement pratiqués; mais ils prennent, au contraire, le caractère d'une falsification lorsque, même inoffensifs, ils sont pratiqués frauduleusement et en vue de donner mensongèrement au vin l'apparence de qualités qu'il n'a point. (Cassation, arrêt du 22 novembre 1860, bulletin n° 246.)

C'est d'après ces indications que vous devrez, Monsieur le procureur général, d'une manière ferme et uniforme, prescrire les poursuites.

Dans de nombreux journaux, articles ou brochures, la coloration artificielle des vins est préconisée comme un procédé parfaitement licite. Elle fait l'objet de prospectus et d'annonces très répandus. Ceux qui auront, dans un cas déterminé, provoqué à une falsification de ce genre, ou fourni les instructions d'après lesquelles elle aura été opérée, devront être poursuivis comme complices, par application des articles 59, 60 du code pénal et 1er de la loi du 17 mai 1819; l'article 3 de cette loi permet d'atteindre aussi les provocatious non suivies d'effet.

Lorsque la coloration artificielle a eu lieu au moyen de substances pouvant présenter, à un degré quelconque, un caractère nuisible, les magistrats du parquet ne doivent pas manquer, conformément aux articles 2 et 3, paragraphe 2 de la loi de 1851, de requérir une répression énergique.

Mon attention est depuis longtemps appelée sur ces importantes questions, au sujet desquelles j'ai reçu notamment de M. le ministre de l'agriculture et du commerce, des communications nombreuses et du plus haut intérêt.

Les chambres de commerce, les comices agricoles, les associations syndicales, les organes les plus accrédités de l'opinion, se sont émus, à juste titre, de pratiques coupables qui compromettraient, à la fois, la santé publique et la sécurité des transactions.

J'ai, dès le mois de juin, prescrit des poursuites dans plusieurs arrondissements; je compte sur votre vigilance pour que vous mettiez l'action du parquet en mouvement, partout où des délits vous seront signalés.

La fraude fait subir, non seulement au vin, mais à bien d'autres éléments de l'alimentation publique, les altérations les plus variées. Je fais appel à votre concours pour l'atteindre sous toutes ses formes et quel qu'en soit l'objet.

Je vous prie de m'accuser réception de cette circulaire, dont je vous adresse des exemplaires en nombre suffisant pour tous vos substituts. Je désire que vous me rendiez compte, en temps utile, de la suite qui aura été donnée aux instructions qui y sont contenues.

Recevez, Monsieur le procureur général, l'assurance de ma considération très distinguée.

Le garde des sceaux, ministre de la justice et des cultes,
président du conseil,

J. DUFAURE.

Paris, 18 octobre 1876.

Lettre de M. le ministre de l'agriculture et du commerce adressée à la chambre de commerce de Paris.

Paris, le 4 novembre 1876.

Monsieur le président,

Ainsi que j'ai eu l'honneur de vous en informer par ma lettre du 14 septembre dernier, j'ai appelé l'attention de M. le ministre des finances sur les importations de vins colorés artificiellement qui s'effectueraient par les frontières d'Italie, d'Espagne et de Portugal, et je l'ai prié, suivant le désir exprimé par votre chambre, d'examiner s'il ne serait pas possible de charger le service des douanes de constater, le cas échéant, la sophistication des vins introduits en France.

Mon collègue vient de m'informer qu'il est tout disposé à prêter son concours pour la répression des fraudes dont il s'agit : des ordres ont, en conséquence, été donnés au service des douanes pour qu'il procède, avec le plus grand soin, à la vérification des vins importés d'Italie, d'Espagne et de Portugal, et pour qu'il prévienne immédiatement la police locale, dans le cas où il aurait lieu de penser que les produits ont été colorés artificiellement.

En outre, des échantillons seront prélevés sur toute importation commerciale de quelque importance, pour être analysés dans le laboratoire du bureau des douanes par lequel s'effectuera l'importation, et à défaut, dans le laboratoire le plus voisin.

Les mesures que M. le ministre des finances a bien voulu prendre, sur ma demande, satisfont au vœu exprimé par votre chambre et il y a lieu d'espérer qu'elles auront pour résultat d'empêcher l'introduction en France des vins sophistiqués par la coloration.

Recevez, Monsieur le président, l'assurance de ma considération distinguée.

Le ministre de l'agriculture et du commerce,

Signé : TEISSERENC DE BORT.

COLORATION ARTIFICIELLE

DES VINS

Nous plaçons en tête des sophistications la coloration artificielle. De toutes les falsifications, c'est en effet la plus commune et peut-être la plus dangereuse. Les vins rouges ont été de tout temps préférés aux vins blancs pour la consommation ordinaire. L'expérience, qui, *en fait d'alimentation*, passe science, les a placés au premier rang, et la chimie est venue plus tard en donner les raisons et en exposer les motifs. Un vin coloré artificiellement, quelque inoffensive que soit la substance colorante employée, n'aura jamais les qualités d'un vin rouge naturel, et par conséquent sera un vin sophistiqué.

La coloration artificielle des vins permet surtout le mouillage, c'est-à-dire l'addition de l'eau. Les droits d'octroi, les droits de circulation, le prix de transport sont tellement élevés qu'il n'est pas étonnant que le négociant peu scrupuleux n'achète, de préférence à nos bons vins français, des vins exotiques, fortement *montés en couleur*, ou, pour être plus exact, colorés artificiellement et vinés à 15 degrés. Ces vins, doublés d'eau, donnent encore des vins à 7 degrés et demi, titre égal, si non supérieur, à celui de quelques vins de plaine et de beaucoup de vins des pays montagneux ; d'où, bénéfice sur les droits d'octroi, bénéfice sur les droits de circulation, bénéfice sur le transport et eau vendue au prix du vin.

Après la publication de la 3e édition de ce petit travail (décembre 1876), la coloration artificielle des vins semblait avoir disparu. Mais depuis, soit par défaut de surveillance, soit par résignation forcée des consommateurs, les prospectus conseillant ce genre de falsification ont fait de nouveau leur apparition et s'étalent à la 4e page des journaux. Les inventeurs sont nombreux, mais les colorants ont presque tous la même base, les rouges divers d'aniline ou le rouge de Bordeaux. Pouvait-on, en effet, trouver ailleurs que dans les produits dérivés des hydrocarbures de la houille, une matière, dont le bon marché, relatif à la puissance colorante et à la beauté puisse être comparé à ces magnifiques couleurs d'aniline qui seront une des gloires de notre siècle. Pourvu que le fabricant puisse mettre sur son prospectus les mots *colorant végétal* et *exempt de fuchsine*, il croit que le public se laissera suffisamment prendre *à cette piperie de mots*. Mais l'acide prussique, la strychnine et tous les alcaloïdes ne renferment aucun minéral et sont cependant les poisons les plus énergiques, les plus redoutables ; et parce qu'un colorant ne sera pas découvert par un des procédés employés pour la recherche de la fuchsine, espère-t-on qu'il passera inaperçu?

Nous venons d'examiner pas moins de vingt colorants nouveaux, les uns liquides, les autres en poudre ; tous absolument ont pour base, soit les rouges divers d'aniline, soit le rouge Anglais ou le rouge de Bordeaux, autre dérivé sulfoconjugué à base de soude des hydrocarbures de houille. Le cadre que nous nous sommes imposé ne nous permet pas d'entrer dans des détails. L'important est de savoir qu'un vin est coloré artificiellement, peu importe le nom plus au moins trompeur que l'industriel aura donné à son colorant.

Afin de les englober tous sous la même désignation et afin d'éviter des discussions oiseuses avec les fabricants de ces divers mélanges ou produits, nous les appellerons : colorants dérivés de la houille (1).

Nous diviserons les matières colorantes en deux groupes : Le premier groupe comprendra les matières dont la subs-

(1) Pour déterminer la nature de ces divers colorants, notre intention était de renvoyer au rapport du laboratoire municipal de Paris ; mais comme ce rapport est complètement épuisé, nous avons cru rendre un véritable service à nos confrères, en reproduisant intégralement la partie de ce remarquable travail, qui a trait aux matières colorantes. (Voir page 22.)

tance colorante n'a aucun rapport avec la substance colorante des vins *(œnocyanine)*, et le deuxième groupe, les matières colorantes qui, par leur nature, se rapprochent beaucoud de celle du vin.

1er Groupe.	2e Groupe.
Fuchsine et ses dérivés.	Baie de sureau.
Caramel rouge et autres.	Teinte de Fismes.
Indigo.	Rose Trémière.
Campêche.	Hyèble et Myrtille.
Cochenille.	Phytolaque.
Orseille.	
Colorants dérivés de la houille.	

Toutes les réactions que nous donnons ci-après ont été faites et répétées par nous-même, sur un très grand nombre de vins de différentes régions et de divers cépages. Ces vins n'ont pas été colorés à dessein par nous, mais bien par les fraudeurs eux-mêmes et avec toute l'habileté qu'ils savent y mettre. Nous donnons pour chaque substance plusieurs réactions, dont nous pouvons garantir la parfaite exactitude. Nous les croyons *toutes indispensables* et nous ne saurions trop engager MM. les experts à ne se prononcer sur la présence d'un colorant que lorsque ce colorant aura été constaté par tous les procédés. Il serait très imprudent de se prononcer sur une seule réaction, comme on le verra dans le courant de l'ouvrage.

Quant à un réactif unique, malgré les assertions de plusieurs chimistes, nous devons dire qu'il n'en existe pas encore et nous ne croyons même pas qu'on en trouve. La couleur du vin varie en effet avec les différents cépages ; et parmi les colorants employés les uns sont plus fixes, les autres plus fugaces que l'*œnocyanine*, matière colorante du vin.

Nous avions essayé depuis bien longtemps le bi-oxyde de manganèse, objet d'une communication récente à l'académie des sciences de la part de M. Lamattina, et nous ne pouvons que répéter ce qu'écrit M. le professeur Gautier dans son travail si consciencieux sur la coloration artificielle des vins (1).

D'après le docteur A. Facon (*Ann. di chimica* 1868), si l'on mélange du vin suspect avec son poids de bi-oxyde de manganèse en poudre, qu'on agite et qu'on filtre, on obtiendra, si le vin est naturel, une liqueur incolore, si le vin est fraudé, une liqueur rouge, rose ou violette, sur laquelle on pourra, dit-il, aisément reconnaître les caractères de la matière étrangère. Je dois malheureusement ajouter qu'ayant opéré, d'après les indications précédentes, sur des vins fraudés pour 1/8 à 1/4 de leur intensité avec la cochenille, le fernambouc, le phytolacca, le sureau, etc., faisant varier les quantités de manganèse, saturant ou non les vins par les alcalis, j'ai toujours obtenu la décoloration, jusqu'au jaune paille ou à peu près, des vins fraudés, traités par cette méthode.

Le *papier œnokrine* ne nous a donné aucun bon résultat. Certains vins naturels ont donné une coloration rose comme s'ils renfermaient de la fuchsine, et d'autres qui en contenaient une quantité notable n'ont pas donné de coloration sensible.

Le *sulfhydrate d'ammoniaque* conseillé par M. Filhol a été essayé avec le plus grand soin et sans aucun profit sur les vins de notre région.

Le carbonate de magnésie qui a été l'objet d'un rapport spécial ne saurait non plus être considéré comme un réactif unique. Voici ce que nous écrivions en 1876 (Voir page 49, tome v, du *Répertoire de pharmacie et de chimie médicale réunis*) :

Coloration artificielle des vins et carbonate de magnésie.

Il y a bien longtemps, je lus dans un vieil ouvrage, qu'en faisant sur une pierre de chaux des taches avec un vin naturel et un vin coloré artificiellement, on obtenait des nuances variées qui pouvaient faire reconnaître la coloration artificielle

(1) Baillière et fils, Paris.

des vins et même la nature du colorant. J'essayai et je n'obtins aucun bon résultat.

Lorsque M. Gautier publia la traduction des *Recherches chimiques de Bolley et Kopp*, ce procédé fut de nouveau signalé sous le nom de *procédé de Carpéné*. Je repris mes expériences, même insuccès. J'essayai alors le carbonate de magnésie en pain, substance moins alcaline et plus poreuse que la chaux; les résultats furent meilleurs. Je crus même un moment avoir trouvé le réactif unique tant cherché, et je m'empressai de montrer cette réaction aux négociants qui m'apportaient du vin à analyser. Mais lorsque je voulus généraliser, c'est-à-dire appliquer ce procédé aux vins de différents cépages et plus ou moins âgés, je n'obtins rien de bon, et je me gardai bien de publier cette observation. Cette réaction cependant appliquée aux vins d'une même localité et du même âge peut, lorsque la matière colorante est en excès, rendre de grands services au commerce. Mais il est radicalement impossible de porter une affirmation quelconque d'après cette simple réaction. Je suis de plus en plus convaincu qu'on ne trouvera jamais un réactif unique pour reconnaître la coloration artificielle des vins, et que les réactions par les alcalins ne doivent pas être seules prises en considération dans une expertise chimico-légale.

Parmi les réactifs employés, nous en avons choisi trois, qui à eux seuls peuvent permettre aux personnes inexpérimentées de se rendre très sommairement compte de la couleur d'un vin. Nous avons résumé les diverses réactions dans un tableau ci-joint. Nous recommandons expressément de se conformer à toutes les indications. Une fois un colorant soupçonné, on aura recours aux réactions particulières données dans la brochure. Avec beaucoup d'attention et un peu d'habitude, nous sommes convaincu qu'une personne intelligente peut arriver à constater facilement la coloration artificielle dans un vin. Dans toutes les expériences qui suivent nous supposons le vin limpide et la fermentation terminée.

1er GROUPE.

FUCHSINE ET SES DÉRIVÉS.

La fuchsine et ses dérivés sont employés, parce que, en dissolution dans le vin, ils donnent immédiatement et à bon marché une belle couleur rouge. Ce sont les substances les plus faciles à reconnaître.

1er Procédé *(par l'extrait de saturne et l'alcool)*. — On verse dans une fiole en verre blanc de 180 grammes environ, 5 cuillerées à bouche du vin soupçonné, une cuillerée à bouche de sous-acétate de plomb ou *extrait de saturne* officinal à 35° Baumé, et deux cuillerées à bouche d'alcool ordinaire ou *trois-six*. On agite fortement.

Si le vin est naturel, toute la matière colorante est entraînée par l'extrait de saturne, il se forme un précipité gris bleuâtre, plus ou moins foncé suivant la nature du vin, et le liquide qui surnage, au bout de quelques heures de repos, est complètement incolore.

Si le vin renferme de la fuchsine ou ses dérivés, le précipité est légèrement violacé : l'extrait de saturne n'a pas entraîné la fuchsine ou ses dérivés, et le liquide surnageant est coloré en rouge vif.

On peut au lieu de l'alcool ordinaire employer l'alcool amylique ou huile de pomme de terre : au bout de quelques heures de repos, l'alcool amylique, qui a dissous toute la fuchsine, se sépare coloré en rose et on peut rechercher la fuchsine directement dans cet alcool, comme nous verrons plus loin.

2me Procédé *(par le noir animal et l'alcool)*. — On introduit dans une fiole une cuillerée à café de noir animal et deux cuillerées à bouche de vin suspect : on agite fortement et on verse sur un filtre; le liquide passe à peu près incolore. On lave le noir animal avec un peu d'eau et on verse sur le filtre de l'alcool ou de l'eau-de-vie très forte.

Si le vin est naturel, l'alcool passe ou incolore ou couleur lie de vin.

Si le vin renferme de la fuchsine, cette dernière, qui avait été retenue par le charbon, est redissoute, et le liquide passe coloré en rouge vif.

Ces deux procédés que nous appliquons depuis plus de deux ans sont très sensibles. Nous avons ajouté dans plusieurs vins naturels une quantité infinitésimale de fuchsine, si peu que nous ne pouvions pas à l'œil nu distinguer le vin coloré ; et nous avons pu toujours, avec ces deux procédés, constater la présence de cette matière colorante.

Nous devons toutefois ajouter que la coloration rouge de l'alcool ordinaire ou amylique dans les deux procédés ne prouve pas que le vin ait été coloré par la fuchsine ; mais cette coloration indique certainement la présence d'un colorant. Il faudrait, pour s'en assurer, plonger un peu d'étoffe de soie non mordancée dans l'alcool du noir animal ou dans l'alcool amylique : l'étoffe absorbe toute la fuchsine et se colore en rouge vif. L'acide chlorhydrique fait virer la couleur au jaune et l'ammoniaque décolore l'étoffe, si la substance colorante est bien la fuchsine.

3° Procédé *(par l'ammoniaque, l'éther et l'acide acétique).* — On agite 5 grammes de vin avec un léger excès d'ammoniaque dans un flacon de 30 grammes. On achève de remplir celui-ci avec de l'éther pur. Après repos, on décante dans un autre flacon une portion de cet éther et on y ajoute quelques gouttes d'acide acétique pour neutraliser l'ammoniaque : si le vin contient de la fuchsine, l'éther se colore en rouge. L'addition d'un peu d'eau dans laquelle se concentre la matière colorante rendra la réaction plus nette. — *Falières.*

Même procédé, modifié par M. le professeur Ritter.

J'emploie depuis cinq mois le procédé suivant qui est plus long, mais qui donne une certitude complète et a de plus l'avantage de fournir en même temps une pièce de conviction.

Des expériences préliminaires m'ont démontré qu'il y avait avantage à éliminer l'alcool : la fixation de la fuchsine se fait mieux. J'opère toujours sur 200 centimètres cubes de vin que j'évapore à moitié (on peut se servir du résidu laissé dans l'alambic de Salleron quand on a peu de vin à sa disposition) ; le liquide refroidi est introduit dans un entonnoir à robinet, fermé à l'émeri à la partie supérieure. On ajoute 10 centimètres cubes d'ammoniaque et l'on agite vivement, puis on introduit de l'éther par petites portions en remuant après chaque addition; on s'arrête dès que la couche éthérée se sépare nettement; certains vins surtout quand on emploie trop d'ammoniaque, donnent naissance à une gelée qui se sépare difficilement; il suffit pour la faire tomber d'ajouter une nouvelle quantité d'éther à la surface sans remuer. On décante la couche sous-jacente avec soin, on lave la couche éthérée à deux reprises avec de l'eau et on introduit finalement l'éther dans un vase de Bohême ou dans une fiole communiquant avec un réfrigérant de Liébig, ce qui permet de recueillir l'éther. On ajoute de la laine à broder blanche.

L'évaporation au bain-marie doit se faire rapidement, pour que la matière colorante se fixe sur les parties extérieures de la laine (1). Lorsque l'éther est vaporisé en majeure partie, on voit la laine se teindre en rouge ou rose plus ou moins foncé, suivant la proportion de fuchsine contenue dans le vin.

Qnelques détails ne sont pas à négliger : la laine à broder ne doit pas être trop épaisse ; il ne faut pas en prendre une longueur plus grande que cinq centimètres; ces détails ont leur importance lorsqu'il s'agit de retrouver des traces de fuchsine ou que l'on n'a que peu de vin à consacrer aux recherches. On comprend en effet que la matière colorante répartie sur une surface trop large ou à l'intérieur des divers brins de fil, ne puisse donner naissance qu'à une nuance rose très difficile à voir.

On doit encore éviter avec beaucoup de soin d'évaporer un éther qui ne serait pas débarrassé complètement du liquide sous-jacent; il vaut mieux attendre quelques minutes pour que les globules de liquide en suspension fixé dans l'éther aient le temps de se précipiter. Voici ce qui peut arriver dans le cas contraire : le liquide vineux teint la laine en jaune et une coloration rosée faible peut être masquée; le cas s'est présenté plusieurs fois à ma connaissance.

Un autre point que l'on ne doit pas négliger, c'est de n'employer que de l'éther pur (je ne dis pas absolu). Un négociant de cette ville, qui examinait un vin qu'il savait fuchsiné, obtint

(1) L'éther étant très inflammable, on doit éloigner tout corps en ignition pour éviter des accidents graves, et plonger le récipient qui renferme l'éther dans de l'eau chaude : l'éther, comme on le sait, distille à une basse température. — E. B.

une laine colorée en rouille, parce qu'il s'était servi d'éther de qualité inférieure. Il fit changer l'éther et obtint la réaction voulue.

Tous ces détails ont leur importance, car chaque négociant devrait examiner lui-même les produits qu'il achète, et il est arrivé quelquefois que sur un essai mal fait, le marchand a pris livraison d'une marchandise frelatée (1).

Ce procédé à lui seul permet d'affirmer la présence de la fuchsine. Certains dérivés de la fuchsine échappent à d'autres procédés et sont décélés par celui-là. Les experts devront donc toujours l'employer.

4me Procédé *(par le fulmi-coton).* — « On place dans un tube à expérience une boulette de fulmi-coton, on verse dessus environ 10 ou 15 grammes de vin, on agite fortement pendant quelques secondes, on renverse l'éprouvette pour laisser écouler le vin, on lave soigneusement le fulmi-coton en l'agitant dans l'éprouvette avec de l'eau, on renouvelle l'eau plusieurs fois jusqu'à ce qu'elle n'entraîne plus de matières colorantes et qu'elle soit parfaitement limpide et incolore. Si le vin est pur, le fulmi-coton redevient blanc; dans le cas contraire, malgré les lavages, il reste coloré par la fuchsine. » — *Didelot.*

M. Didelot a conseillé depuis de faire bouillir le fulmi-coton avec le vin. Or, nous avons remarqué que certains vins et surtout les vins salés coloraient en rose le fulmi-coton lorsqu'on portait à l'ébullition. Cette coloration résiste même à plusieurs lavages. Nous recommandons d'opérer à froid, de laisser le fulmi-coton en contact avec le vin pendant plusieurs heures, de bien le laver et de le plonger dans l'eau : si au bout de trois heures la coloration rouge persiste, on doit soupçonner la présence de la fuchsine, sans toutefois pouvoir l'affirmer. Il faudra alors avoir recours au procédé Falières modifié.

(1) Appareil Ritter construit par Salleron. Prix : 25 fr.

CARAMEL ROUGE OU AUTRE.

Beaucoup de négociants, débitants ou propriétaires ont reculé devant l'emploi de la fuchsine, parce que les journaux ont signalé plusieurs accidents graves occasionnés par cette matière colorante. Alors l'industrie a fabriqué un liquide de consistance sirupeuse que l'on a baptisé du nom de caramel, peut-être dans un but de confusion coupable avec le caramel obtenu en faisant brûler le sucre. Cette substance est composée de glycose colorée par la fuchsine ou ses dérivés, nous pouvons l'affirmer hautement. Nous y avons aussi trouvé un peu de fer, du sulfate de chaux et de très légères traces d'arsenic. Nous avons conservé quelques anneaux d'arsenic obtenus par l'appareil de Marsh.

Tout le monde peut du reste s'assurer de la présence de la fuchsine ou de ses dérivés dans le caramel. Il suffit pour cela de verser quelques gouttes de *caramel rouge* dans un verre d'eau et d'ajouter un peu d'ammoniaque ou alcali volatil : la coloration disparaît peu à peu, et il se forme un précipité floconneux bleuâtre, renfermant de l'oxyde de fer, qui noircit au contact de l'air. L'addition de l'acide acétique ramène la couleur au rouge. Le crayon magique que l'on vend sur les places publiques donne les mêmes réactions (1).

Pour reconnaître le caramel rouge, il suffira donc d'avoir recours au procédés indiqués par la fuchsine.

Nous n'avons pas trouvé de vin nouveau coloré par la

(1) Les futailles qui ont contenu des vins fuchsinés restent très longtemps imprégnées de cette matière colorante. Beaucoup de vins qui devaient leur fuchsine à la futaille ont été saisis. Voici un moyen peu coûteux d'enlever aux fûts ce colorant dangereux. Remplir les fûts d'une solution au millième au moins de carbonate ou cristaux de soude, laisser 48 heures au moins en ayant soin d'agiter de temps en temps, laver à l'eau et puis à l'acide sulfurique. Le carbonate de soude n'enlève pas seulement la fuchsine comme alcalin, mais agit chimiquement sur le tartre des tonneaux en faisant un sel très soluble, *sel de seignette*, et les débarrasse ainsi de la couche qui retient la fuchsine.

fuchsine ou les colorants à base de ses dérivés. Il a donc suffi de faire connaître la composition de ces caramels et le moyen de les reconnaître pour en arrêter l'emploi. Espérons qu'il en sera de même pour les autres colorants.

INDIGO.

L'indigo s'emploie ordinairement à l'état de sulfate acide. Les vins qui en renfermeront contiendront alors de l'acide sulfurique. On peut cependant employer cette matière à l'état de carmin d'indigo. Voici les procédés les plus simples pour la reconnaître.

1er Procédé. — On ajoute au vin un peu de sulfate de potasse en dissolution, et on précipite ce sel par le chlorure de baryum (réactif du plâtre) : le précipité qui se forme fixe l'indigo et apparaît coloré en bleu, même après lavage ; tandis que du vin ordinaire donnerait un précipité qui, après le lavage, serait complètement blanc.

Le lavage doit être fait par décantation sous l'eau.

2me Procédé *(par l'acétate d'alumine)*. — Lorsqu'on ajoute à 2 ou 3 centimètres cubes de vin un petit filet d'acétate d'alumine, le vin ordinaire ne change pas de couleur et tend même à se décolorer, tandis que le vin à l'indigo bleuit légèrement. La réaction sera beaucoup plus sensible si on étend le mélange de 4 ou 5 fois son volume d'eau.

3me Procédé. — La réaction suivante est encore beaucoup plus sensible. On mordance un peu de flanelle blanche avec l'acétate d'alumine, en la faisant bouillir pendant quelque temps dans une dissolution de ce sel. On plonge un morceau de cette flanelle mordancée dans un vase contenant le vin coloré avec l'indigo et un autre morceau dans un autre vase contenant du vin naturel. On élève et on maintient le liquide à l'ébullition pendant une demi-heure : l'étoffe soumise à l'action du vin coloré aura, après lavage, une couleur bleue manifeste; tandis que l'autre morceau soumis à l'action du vin naturel aura une couleur lie de vin.

CAMPÊCHE.

Le campêche ajouté directement au vin le rend jaune et lui enlève une partie de la matière colorante. Introduit au contraire, soit en dissolution, soit à l'état naturel dans la cuve à fermentation, il augmente considérablement la couleur naturelle du vin et lui communique une couleur de rancio qui fait rechercher ces vins pour le coupage. Nous devons signaler du campêche et de l'extrait contenant de la fuchsine.

1er Procédé *(par l'aluminate de soude).* — Lorsqu'on verse quelques gouttes d'une solution de ce sel dans quelques centimètres cubes de vin naturel, la couleur n'en est pas sensiblement altérée; tandis que si le vin contient du campêche, il se développe peu à peu une coloration violette très sensible. La coloration est encore plus manifeste si on ajoute de l'eau.

2me Procédé *(par le carbonate de soude).* — Lorsqu'on mélange une partie de vin à 4 ou cinq parties et plus, suivant l'acidité du vin, d'une solution de carbonate de soude au 200e, le mélange devient marron ou bleu manifeste si le vin contient peu de campêche. Si on porte ce mélange à l'ébullition la coloration violette ou marron apparaît. Le vin naturel donne un mélange bleu verdâtre et jaunit par la chaleur sans passer au violet ni au marron. Cette réaction est caractéristique.

3me Procédé. — On peut encore fixer la couleur sur une étoffe de laine mordancée et opérer de la même manière qu'on l'a fait pour l'indigo. On obtient dans ce cas une couleur violette très prononcée. Cette réaction est excessivement sensible.

L'eau très légèrement ammoniacale fonce beaucoup l'étoffe ainsi colorée et la rougit, tandis que la couleur obtenue par le vin vire au vert sale.

COCHENILLE.

La cochenille est moins employée aujourd'hui qu'autrefois, parce qu'elle coûte cher et parce qu'elle donne relativement beaucoup moins de couleur, à prix égal, que les substances précédentes. On emploie la cochenille ammoniacale en plaque ou en poudre ; j'ai même constaté dans plusieurs échantillons la présence de l'*acide oxalique*.

1er Procédé (*par l'extrait de saturne*). — On opère comme pour la fuchsine : si le vin renferme de la cochenille, cette matière colorante est entraînée avec la matière colorante du vin, et le précipité est violacé. Le liquide surnageant est, avec la cochenille, complètement incolore.

2me Procédé (*par le borax*). — On mélange dans un tube une partie de vin et 2 ou 3 parties, suivant l'acidité du vin, d'une solution saturée de borax. Si le vin est naturel, le mélange est bleu verdâtre, et si le vin renferme de la cochenille, le mélange devient manifestement violet.

3me Procédé (*par l'eau de baryte et l'acide acétique*). — On précipite le vin soupçonné par un égal volume d'eau de baryte, et on filtre : la liqueur passe incolore. Lorsqu'on neutralise cette liqueur par l'acide acétique, la coloration rose reparaît, si le vin renferme de la cochenille ; tandis que si le vin est naturel, la liqueur reste incolore. Cette réaction peut aussi servir à la recherche de la fuchsine.

4me Procédé. — Lorsqu'on ajoute à 3cc de vin coloré par la cochenille 1cc d'une solution au dixième d'alun et 1cc d'une solution au dixième de carbonate d'ammoniaque, on obtient une laque verdâtre plus ou moins rosée et le liquide filtré est toujours rosé. Le vin naturel donne une laque verdâtre, et le liquide filtré est vert bouteille. Si le vin est en fermentation, la laque alumineuse ne se forme pas.

ORSEILLE.

L'orseille, matière colorante obtenue par la putréfaction de certains lichens en présence de l'ammoniaque, est très rarement employée seule ; mais mélangée convenablement avec le sulfate d'indigo, elle donne une couleur qui se rapproche beaucoup de celle du vin.

1er Procédé (*par l'extrait de saturne*). — Même manière d'opérer et même résultat que par le procédé n° 1 de la fuchsine.

2me Procédé (*par le borax*). — Même manière d'opérer que par le procédé n° 2 de la cochenille. Le mélange est bleu violet.

3me Procédé. — L'orseille comme la fuchsine porte avec elle son mordant, c'est-à-dire qu'elle se fixe directement à chaud sur la laine. Si on fait bouillir le vin à l'orseille avec quelques centimètres de laine blanche à broder, on obtient une belle couleur rouge violet, qui bleuit par l'eau ammoniacale.

COLORANTS DIVERS DÉRIVÉS DE LA HOUILLE.

1er Procédé (*par l'extrait de saturne*). — Lorsqu'on mélange quatre parties de vin coloré artificiellement par ces divers colorants avec une partie d'extrait de saturne, il se forme un précipité gris sale plus ou moins rosé, vu surtout par transparence; tandis que, avec les vins naturels, le précipité est gris bleuâtre ou verdâtre suivant les cépages. La différence de teinte dans les précipités s'apprécie bien, lorsqu'on peut avoir comme terme de comparaison un vin naturel du même cépage.

L'extrait de saturne précipite, avec la matière colorante du vin, la plupart de ces divers colorants, de sorte que la liqueur filtrée ou surnageante est incolore. Ces divers colorants ne sont pas non plus solubles dans l'éther ammoniacal, c'est ce qui les distingue de la fuchsine. Nous citerons : les rouges divers d'aniline, les rouges d'Alsace, le colorant marseillais, le carmin pourpre, la teinte vinicole, le colorant du Cher, les rouges vinicoles vendus sous différents noms, Roumiguières, Fontanel, Feral, Farenc, etc., le colorant anglais *purprit-win*, etc., etc.

Le rouge de Bordeaux n'est pas précipité par l'extrait de saturne et la liqueur filtrée est colorée en rose.

La réaction par l'extrait de saturne n'est plus sensible

lorsque la dose du colorant est inférieure à un cinquième de la couleur du vin.

2e Procédé (*par le borax*). — Lorsqu'on mélange une partie de vin et trois ou quatre parties d'une solution saturée de borax (8 pour 100) suivant l'acidité du vin, on obtient avec les vins colorés artificiellement un mélange violet ou rougeâtre, tandis que, avec les vins naturels, le mélange est bleuâtre ou verdâtre suivant les cépages. La coloration du mélange doit être examinée par transparence ou en appliquant les tubes à essai devant une feuille de papier blanc. Cette réaction est plus sensible que celle par l'extrait de saturne.

3e Procédé (*par la teinture*). — Une des supériorités des colorants dérivés de la houille, sur les autres matières colorantes, est de porter, avec eux, leur mordant, c'est-à-dire, de se fixer directement sur les étoffes sans que celles-ci aient été préalablement mordancées. Si on soumet donc, au bain-marie, pendant deux heures, un ou deux centimètres de laine, à broder blanche, et quelques fils de soie, à l'action des vins colorés artificiellement par ce groupe, toute la matière colorante se fixe sur la laine et sur la soie, et on obtient une couleur d'un très beau rouge; avec les vins naturels la laine et la soie sont couleur lie de vin. On a soin de bien dégorger à grande eau et de laisser séjourner dans l'eau, la laine et la soie teintes, pour enlever les cristaux de crême tartre qui auraient pu s'y attacher. Si on plonge la laine ou la soie des vins colorés dans l'eau ammoniacale à un pour cent, la couleur se fonce en virant le plus souvent au marron; avec les vins naturels la laine vire nettement au vert sale. Lorsque la dose de matière colorante est inférieure à un dixième de la couleur du vin, la laine vire quelquefois au vert, mais l'eau ramène peu à peu la couleur rouge; avec les vins naturels la couleur verte se maintient par l'addition de l'eau.

Ce procédé est très sensible et indiscutable, puisqu'il fournit une pièce de conviction et permet de reconnaître un dixième de matière colorante, dose toujours dépassée.

Quant à la détermination de ces divers colorants, voir page 31 et suivantes.

2me GROUPE.

Les substances colorantes dont nous avons parlé sont toutes faciles à reconnaître. Les suivantes, au contraire, non dangereuses et bien moins nuisibles, se rapprochent beaucoup de celle du vin et sont plus difficiles à constater. Nous croyons cependant qu'on peut arriver à les distinguer, avec un peu d'habitude, par les procédés suivants.

BAIE DE SUREAU.

Les baies de sureau sont employées sur une bien grande échelle. On les retire de l'Espagne et surtout du Portugal. Le vin de Porto doit une partie de sa saveur sucrée et de son goût particulier à la baie de sureau. Mais, comme ce vin ne peut être classé parmi les vins de table, nous n'avons pas à nous occuper de sa pureté.

1er Procédé. — On mélange à quelques centimètres cubes de vin 1cc d'une solution d'alun au dixième et 1cc d'une solution de carbonate de soude au dixième (il faut que le mélange ait une réaction légèrement alcaline) : on obtient une laque alumineuse brun bleuâtre terne qui noircit en séchant, et le liquide filtré est vert bouteille. Avec le vin naturel nous avons dit que la laque était verdâtre.

2me Procédé. — « Nous avons trouvé dans le sulfate de fer un réactif propre à faire distinguer la matière colorante du sureau des autres matières colorantes végétales, par exemple de la mauve, et à les reconnaître dans les vins. Quand on place dans 1cc ou 2cc d'infusion de mauve un fragment gros comme un pois de protosulfate de fer, et qu'on opère d'une manière comparative avec l'infusion du sureau, on observe des phénomènes différents : les deux matières colorantes se foncent beaucoup dans leur couleur; mais, tandis que celle de la mauve devient un violet foncé, celle de sureau prend une teinte bleue très sensible.

» Si, dans cet état, on produit une suroxydation par l'addition d'un égal nombre de gouttes de solution de brome, la teinte violette de la mauve s'exalte sans passer au bleu tandis que celle du sureau passe au bleu foncé. La matière colorante du vin n'éprouve pas d'altération sensible dans sa nuance, quand on traite quelques centimètres cubes de ce liquide de la même manière. Le vin cependant se trouble et se fonce par l'addition du brome ; mais il n'y a pas de coloration bleue et la masse délayée dans l'eau, ce qui rend les comparaisons plus faciles, présente des différences tranchées. » — *Extrait du rapport de MM.* BALARD, PASTEUR, WURTZ *et* CHANCEL *dans l'affaire GUERRE.*

Le vin additionné de tannin donne, par ce procédé, les mêmes réactions que s'il renfermait de la baie de sureau ou de la mauve. Nous devions signaler cette cause d'erreur et nous engageons les experts à clarifier plusieurs fois le vin par l'albumine pour enlever le tannin : le *coagulum* albumineux retient d'ailleurs une partie de la matière colorante naturelle du vin, et la réaction n'en est que plus sensible.

3me Procédé *(par la cyanure rouge de potassium et la liqueur de Labarraque).* — Lorsqu'on fait bouillir, pendant une ou deux minutes, 3^{cc} de vin naturel avec 10 gouttes d'une solution au dixième de cyanure rouge de potassium et qu'on verse dans 15 fois environ le volume d'eau, on obtient un mélange limpide, couleur vert émeraude : l'addition de quelques centimètres cubes de liqueur de Labarraque (hypochlorite de soude) ne change pas la couleur ou l'avive.

Si le vin renferme de la baie de sureau, le mélange avec l'eau est brun verdâtre sale et l'addition de la liqueur de Labarraque fait apparaître la couleur vert-émeraude, en détruisant la couleur brune due à la baie.

La couleur vert-émeraude est due à l'action du cyanure sur le fer contenu dans le vin : il se forme en effet au bout d'un certain temps un précipité bleu de cyanure de fer. Le cyanure jaune ne donne pas de précipité, mais si on fait bouillir préalablement le vin avec quelques gouttes d'acide nitrique, le cyanure jaune donne à peu près la même réaction que la cyanure rouge. Le sel de fer contenu dans le vin est donc bien au minimum.

Cette réaction permet de reconnaître dans un mélange la

présence du vin ; car le vin seul donne la couleur vert-émeraude par le cyanure rouge.

Nous avons pu ainsi constater que les vins rouges renferment plus de fer que les vins blancs et que le plâtrage en enlève une partie. Les vins rouges doivent donc être préférés aux vins blancs, non seulement à cause du tannin, mais aussi à cause du fer.

Elle permet aussi de vérifier à *priori* si un vin ne renferme pas certaines matières colorantes : le campêche et les colorants végétaux se comportent à peu près comme la baie de sureau.

Certains vins d'Espagne et de Roussillon ainsi que le vin de Jacquez ne donnent pas, avec le cyanure rouge, la couleur vert émeraude franche, couleur dûe à l'action du fer faisant, pour ainsi dire, partie de la couleur du vin, sur ce réactif. L'intensité de la couleur du vin n'étant pas proportionnelle à la quantité de fer, il n'est pas étonnant que la couleur de certains cépages résiste à l'action du cyanure rouge et colore en brun le mélange de cyanure, de vin et d'eau.

Nous maintenons néanmoins cette réaction, parce que dans certains cas, elle peut rendre des services.

4me Procédé (*par l'extrait de saturne*). — L'extrait de saturne donne aussi, avec les vins fortement chargés de sureau, un précipité bleu foncé terne, au lieu d'un précipité gris bleuâtre.

TEINTE DE FISMES.

La *teinte*, ou *teinte de Fismes*, qui se fabrique et s'emploie encore à Fismes, à Paris, à Poitiers, etc., s'obtient en mêlant :

Baies du sureau......	250 à 500	grammes.
Alun................	30 à 60	—
Eau.................	800 à 1600	—

laissant digérer et soumettant au pressoir. M. Maumené qui a eu l'occasion d'analyser des vins ainsi fraudés y a trouvé jusqu'à 4 et 7 grammes d'alun par litre (*Traité du travail des vins*, p. 417). On comprend le danger d'une pareille boisson. On remplace, il est vrai, quelquefois l'alun par de l'acide tartrique, mais la prudence ou l'honnêteté relative des fraudeurs va rarement jusque-là, et il faudra toujours rechercher l'alun dans un vin où l'on aura démontré la présence des matières colorantes du sureau ou de l'hyèble. — GAUTIER.

ROSE TRÊMIÈRE.

La passe-rose, rose trémière, mauve noire (*althœa rosea*, *varietas nigra*) provient d'Allemagne, et est employée quelquefois pour colorer les vins. Elle communique au vin un mauvois goût avec une certaine odeur, au bout de quelques mois, et la couleur ne se maintient pas.

1er Procédé (*par l'acétate d'alumine*). — Lorsque, à quelques centimètres cubes de vin à la mauve, on ajoute un petit filet d'acétate d'alumine, on obtient une coloration violette qui se développe peu à peu. Le vin naturel tend à se décolorer. L'addition d'un peu d'eau rend la réaction plus sensible.

2me Procédé (*par l'alun ammoniacal*) :

« Il suffit pour cela d'opérer comparativement sur quelques centimètres cubes du vin normal et du vin devant à la mauve 1/8 de sa couleur; on ajoute dans les deux tubes cinq ou six fois le volume de solution saturée d'alun ammoniacal. L'action commence à froid, mais elle devient plus manifeste quand on chauffe près de l'ébullition; on voit alors le tube contenant le vin pur conserver la couleur rouge brique du vin, tandis que celui qui contient le vin altéré par la matière colorante étrangère, prend une couleur violette qui suffit pour le distinguer nettement du premier. On pourrait même pousser l'appréciation au-delà de 1/8. — *Extrait du même rapport précité.*

Les Vins de Mourastel et de quelques autres cépages se colorent parfaitement en bleu violet, lorsqu'on leur applique les deux procédés précédents. Nous appelons toute l'attention des experts sur ce fait. Le procédé suivant leur permettra de distinguer ces vins particuliers des vins colorés par la mauve.

3me Procédé (*par le carbonate de soude au 200me*). — 1 partie de vin et 4 à 5 parties ou plus, suivant l'acidité du vin, de cette solution donnent un mélange bleu verdâtre ou même tout à fait bleu avec certains cépages, mais ce bleu, comme nous l'avons dit plus haut, ne vire jamais au marron ou violet par la chaleur, ce qui permet de le distinguer du vin au campêche. Les vins à la mauve donnent au contraire un mélange où le vert domine beaucoup.

4me Procédé (*par le sulfate de fer et l'eau bromée*). — Voir le 2e procédé de la baie de sureau.

HYÈBLE ET MYRTILLE.

« Ces deux matières colorantes, qui présentent entre elles une grande ressemblance, peuvent être distinguées de celle du sureau par l'action des sels de fer.

» Si on dissout à chaud, dans 2 ou 3 centimètres cubes de vin coloré au 1/8, un petit cristal de protosulfate de fer, les deux liqueurs prennent une couleur violacée; si l'on ajoute alors quelques gouttes de solution de brome pour produire la suroxydation, la liqueur étendue d'eau présente une nuance vert jaunâtre sale, et non la teinte bleue qui se manifeste avec le sureau.

» En opérant avec du vin pur et du vin coloré par l'hyèble, on observe aussi une différence légère sans doute, mais sensible.

» En étendant d'une égale quantité d'eau les deux liqueurs après la suroxydation, on observe que celle qui contient de l'hyèble est plus riche en couleur et présente une teinte sensiblement plus verte.

» Le fer, à l'état d'alun de fer, nous permet aussi de distinguer ces matières colorantes entre elles, et même de retrouver l'hyèble dans les vins.

» Si l'on dissout un petit cristal d'alun de fer dans les infusions de mauve, de sureau et d'hyèble, on voit la mauve perdre la teinte violette, passer au jaune sans qu'il y ait formation de précipité. Avec le sureau, il se forme un précipité et une coloration verte; avec l'hyèble et le myrtille, il y a aussi un dépôt, mais la coloration est brune.

» En opérant comparativement avec du vin pur et du vin contenant 1/8e d'hyèble, il se forme un précipité des deux côtés; les deux liqueurs présentent une teinte brun jaunâtre, mais elle est sensiblement plus foncée quand on opère avec du vin tenant de l'hyèble.

Le myrtille se comporte de la même manière. » — *Extrait du même rapport.*

Ces deux dernières substances sont très peu employées. Tout le monde connaît l'odeur désagréable de l'hyèble, ce petit sureau à baies presque noires si commun dans quelques localités. Ses réactions ont une certaine analogie avec celles du sureau. Les baies de myrtille, ou airelle desséchées, ne donnent presque pas de couleur, et leur suc fermenté, d'une belle couleur vineuse, est d'un prix trop élevé pour qu'il puisse être généralement employé.

PHYTOLAQUE.

La baie de phytolaque ou raisin d'Amérique a été très employée autrefois en Portugal. La rage de la coloration fut, à une époque, si considérable dans ce pays, que le gouvernement fut obligé de faire couper toutes les phytolaques avant l'apparition des fruits. On a appelé cette baie, baie de Portugal. On expédie aujourd'hui de Porto de la baie de sureau sous le nom de baie de Portugal; c'est ce qui a fait croire que la baie de sureau employée aujourd'hui était de la baie de phytolaque. Cependant si on a soin d'examiner la baie, on évite cette erreur : la baie de sureau renferme trois petites graines grises et la baie de phytolaque en contient 10, et noires.

Nous avons examiné plus de 3,000 échantillons de vins français ou étrangers, et nous n'avons pas encore trouvé de vins colorés par la phytolaque. Nous avons demandé dans tout le midi des baies de phytolaque sous tous les noms et on nous a toujours expédié des baies de sureau.

Voici néanmoins les réactions caractéristiques de cette matière colorante; nous les avons obtenues en colorant nous-mêmes un vin par des baies recueillies dans un jardin d'agrément.

1er Procédé (*par l'extrait de saturne*). — Même manière d'opérer et même résultat que par le 1er procédé de la fuchsine.

2me Procédé (*par le borax*). — Le mélange est bleu lilas (voir 2me procédé de la cochenille).

3me Procédé (*par le bi-carbonate de soude, chargé d'acide carbonique*, 8 grammes sur 100 grammes d'eau).

— Un mélange à parties égales de cette solution et de vin à la phytolaque devient, au bout de dix minutes, lilas. Le vin ordinaire devient gris verdâtre. — *Gautier*.

La phytolaque se distingue des matières colorantes avec lesquelles les réactions précédentes pourraient le faire confondre, en ce que sa couleur ne se fixe ni sur la laine mordancée, ni sur la laine naturelle, ni sur le fulmi-coton.

ESSAI DE TEINTURE DES ÉTOFFES PAR LE VIN.

Lorsqu'à la température de l'ébullition, on soumet pendant une heure, un morceau d'étoffe mordancée avec l'acétate d'alumine, à l'action du vin pur et d'un vin diversement coloré : le vin pur donne toujours une couleur identique, nuance lie de vin, plus ou moins foncée ; le vin, au contraire, renfermant une matière colorante donne des couleurs très variables, mais qui diffèrent essentiellement de celles obtenues par le vin pur. Les matières du deuxième groupe donnent une couleur jaunâtre ; mais nous avouons que cette réaction n'est pas très sensible. Si on soumet l'étoffe colorée par le vin à l'action d'un vin coloré artificiellement, l'étoffe s'empare de la couleur artificielle et change de nuance, tandis que, si le vin était pur, la couleur n'aurait pas changé.

Nous avons remarqué que la plupart des colorants employés se fixaient directement sur la laine non mordancée, et nous engageons les négociants à user de la 4me réaction indiquée dans notre tableau. La crême de tartre du vin peut du reste agir comme mordant.

A toutes ces preuves, on peut en ajouter une dernière, lorsqu'elle est possible : l'examen microscopique des lies. Il est évident que les lies des vins colorés par des substances colorantes solides, doivent renfermer des traces de ces substances qu'on ne saurait trouver dans les lies des vins ordinaires.

Nous n'avions pas à parler de l'action des colorants et des vins colorés artificiellement sur l'homme. Il importait peu de savoir quels étaient les plus inoffensifs puisque tous sont également interdits. Nous ne ferons pas ressortir les avantages de cette interdiction : les propriétaires et les consommateurs en sont suffisamment pénétrés. Nous dirons seulement aux négociants et aux propriétaires qui pourraient encore se laisser séduire par des industriels de plus en plus audacieux, que tous les colorants se reconnaissent, que tous donnent un mauvais goût au vin et se précipitent au bout d'un certain temps en entraînant la matière colorante naturelle : de sorte qu'un vin coloré artificiellement a moins de couleur dans quelques mois que le même vin naturel.

Le commerce, pour satisfaire, dit-il, le goût des consommateurs, demande toujours des vins *noirs* (1) ; nous ne croyons pas que ce soit la seule raison. Aussi il serait bon de détruire cette grosse erreur qui consiste à lier intimement la couleur à la qualité du vin. La santé publique et le fisc en retireraient le plus grand profit..............

....

RECHERCHES DES MATIÈRES COLORANTES ARTIFICIELLES DANS LES VINS.

(Extrait du rapport du laboratoire municipal de Paris.)

Les matières colorantes naturelles du vin sont solubles dans l'alcool, à peine solubles dans l'eau, insolubles dans l'éther, le chloroforme, la benzine, l'essence de térébenthine.

Elles sont détruites par l'acide sulfureux et plus rapidement par l'acide hydrosulfureux, préparé au moyen de l'acide sulfureux et du zinc.

D'après ces propriétés, on voit qu'il est possible de rechercher si des matières colorantes étrangères ont été ajoutées au vin. L'emploi successif de l'éther, de l'alcool amylique, du chloroforme en présence d'un acide ou d'un alcali nous ont permis dans la plupart des cas, de constater l'addition au vin de produits colorants.

(1) Un très habile et distingué chimiste de Narbonne, M. Prax, a inventé un colorimètre très facile à manier et que nous croyons tout aussi indispensable aux négociants que l'appareil Salleron : le degré alcoolique et le degré de couleur étant deux éléments certains de contrôle. Nous devons aussi recommander aux négociants en vin le colorimètre Salleron construit d'après une gamme de dix couleurs tirée des cercles chromatiques de M. Chevreul.

Cependant un certain nombre de matières colorantes sulfoconjuguées, et de dérivés azoïques ne donnant pas avec ces divers véhicules de colorations et ne laissant pas de taches assez nettes sur la craie, nous avons dû recourir à d'autres procédés.

Pour arriver à un résultat certain, on devra suivre les marches suivantes :

Premier essai. — *Bâton de craie albuminée.* — Les couleurs des taches indiquent la série de matières colorantes à rechercher.

BLEU GRIS OU ARDOISÉ.	TACHES BLEU, GRIS, BLEU VERDATRE.	TACHES ROSE, GRIS, ROSÉ ET VIOLET.
Vins purs.	*Campêche.* — Gris violacé. *Mauve.* — Bleu verdâtre. *Sureau.* — Gris verdâtre.	*Fucshine.* — Rose franc. *Cochenille.* — Id. plus faible *Orseille.* — Id. plus violacé

Deuxième essai. — On sature le vin par un excès d'ammoniaque ou de potasse, on ajoute de l'éther acétique ou mieux de l'alcool amylique, puis on agite légèrement, on laisse reposer ; si ce dernier se colore on peut conclure que le vin renferme une matière colorante étrangère. On décante l'alcool amylique, on y ajoute quelques gouttes d'acide chlorhydrique ou acétique; la coloration indiquera le procédé à suivre pour caractériser par la suite le produit employé.

Le sulfoconjugué de la rosaniline ne donnant pas dans ces conditions de coloration avec l'alcool amylique et avec l'éther acétique, on devra pour le rechercher prendre une nouvelle quantité de vin et le précipiter par l'acétate tribasique de plomb, puis filtrer; si le liquide passe coloré et si la coloration persiste lorsqu'on aura ajouté un excès d'acide chlorhydrique, on pourra admettre la présence de l'acide sulfoconjugué de la rosaniline. Les essais suivants permettront de classer les matières colorantes artificielles employées à la coloration des vins.

Troisième essai. — A 10 centimètres cubes de vin suspect, on ajoute 2cc d'une solution de potasse à 10 °/₀ de manière à avoir un léger excès de potasse, ce qui se reconnaît aisément au changement de nuance : le liquide doit être vu franc de nuance. On précipite alors la matière colorante du vin par 2cc d'une solution d'acétate mercurique à 2 °/₀. Si le vin est très acide et que pour le saturer on soit obligé d'employer 2cc, 3 ou 5cc de la solution de potasse, il faudra employer une quantité proportionnelle de la solution d'acétate mercurique. En un mot, il faut toujours avoir soin de s'assurer que la masse est encore légèrement alcaline après la précipitation par le sel mercurique. Après la précipitation, on filtre : si le vin est pur, la liqueur filtrée est complètement incolore et ne vire plus au rouge par les acides ; si, au contraire, le vin contient un dérivé sulfoconjugué, le liquide filtré reste plus ou moins coloré et par l'addition d'une petite quantité d'acide sulfurique la teinte se développe ; un mouchet de soie se teint rapidement dans le liquide bouillant s'il s'agit de dérivés azoïques, plus lentement avec le sulfoconjugué de la fuchsine. Il est souvent nécessaire pour ce dernier de laisser refroidir la soie dans le bain de teinture.

Quatrième essai. — Le procédé qui consiste à traiter le vin naturel par l'éther, vient compléter, pour quelques produits, les indications données par les essais précédents. A cet effet, on introduit dans un tube fermé par un bout 10cc de vin, on ajoute une quantité égale d'éther et l'on agite : l'éther se colore ou reste incolore.

Si l'éther offre une coloration jaune et qu'en ajoutant après décantation à l'éther une ou deux gouttes d'ammoniaque, cette dernière vire au rouge foncé, le vin contient du campêche.

Si l'éther offre une coloration rougeâtre ou violette, et si cette coloration persiste même après l'addition d'un excès d'ammoniaque, le vin contient de l'orseille.

Si l'éther coloré en rouge perd sa couleur, sans passer au violet par quelques gouttes d'ammoniaque, le vin ne contient que de l'œnocyanine ou matière colorante du vin.

Enfin, si l'éther reste incolore, on prend une nouvelle

quantité de vin, on l'étend de deux fois son volume d'eau et d'un demi-volume d'ammoniaque. Si le vin prend une coloration rouge-brun, il contient de la cochenille.

CINQUIÈME ESSAI. — *Détermination de la matière colorante artificielle.* — On prend 150^{cc} de vin suspect et on le sature par un léger excès d'eau de baryte ou avec une solution aqueuse de potasse ou de soude, de manière à rendre la liqueur complètement alcaline. La nuance du précipité obtenu avec l'eau de baryte, peut, jusqu'à un certain point, fournir un indice sur les matières colorantes autres que celles qui dérivent de l'aniline et qui sont employées à colorer les vins, campêche, cochenille, etc.; puis on ajoute 25 à 30^{cc} d'éther acétique ou d'alcool amylique, on agite et on laisse reposer, on décante l'éther ou l'alcool amylique, on filtre, on évapore rapidement en présence d'un fil de laine ou d'un mouchet de soie composé de quelques fils de soie (trois ou quatre au plus).

La liqueur éthérée ou l'alcool amylique prend le plus souvent une coloration plus ou mois rosée, surtout si l'on n'a pas ajouté au vin un trop grand excès de baryte; il est bon de s'arrêter quand le précipité devient vert. La coloration rosée, très sensible surtout avec l'alcool amylique, s'aperçoit très aisément en regardant sous une faible incidence la surface de séparation du vin et du liquide ajouté.

Le passage de la solution éthérée à travers un papier à filtre a pour but d'enlever toutes traces de liqueur mère aqueuse qui pourrait masquer ou modifier la teinte déposée sur le tissu.

Lorsqu'on a obtenu sur la laine ou sur la soie une coloration rouge, il suffit, pour distinguer si cette teinte est fournie par la rosaniline ou la safranine, de verser sur le tisssu quelques gouttes d'acide chlorhydrique concentré. La rosaniline se décolore et donne une nuance feuille morte : l'eau en excès ramène la couleur primitive (1). La safranine et quelques autres matières colorantes dérivées du goudron

(1) La safranine passe au violet, au bleu foncé, et enfin au vert clair. En ajoutant peu à peu de l'eau, les mêmes phénomènes de coloration se reproduisent en sens inverse. Enfin une plus grande quantité d'eau régénère la couleur primitive.

ayant peu d'affinité pour la laine, il est bon de faire les essais de teinture : 1° avec la laine; 2° avec la soie.

Les violets solubles dans l'eau donnent, par le même réactif, une coloration bleu verdâtre, puis jaune; l'eau en excès donne une solution violette.

La mauvaniline fournit, avec l'acide chlorhydrique, une nuance d'abord bleu indigo, puis jaune identique à celle produite avec la rosaniline; l'eau en excès fait virer la solution au violet rouge.

La chrysotoluidine ne se décolore que très peu par l'acide chlorhydrique; pour la caractériser, il suffit de faire bouillir la solution ou le tissu teint avec un peu de tuthie ou poudre de zinc : les bases donnent des leucodérivés incolores, tandis que celui qui est produit par la chrysotoluidine se colore au contact de l'air.

Le brun d'aniline (brun de phénylène-diamine) se fixe directement sur le tissu avec une couleur jaune rouge foncé. La solution acétique, un peu concentrée, teint également en brun rouge; en solution étendue, la nuance qui se fixe est brun jaune, une goutte d'acide sulfurique ajoutée à la solution aqueuse la colore en mauve.

Enfin, ajoutons, en terminant, que, pour distinguer la rosaniline et autres similaires d'avec la cochenille, il suffira de verser quelques gouttes d'hydrosulfite de sodium, les sels de rosaniline sont entièrement décolorés, tandis que la teinte rose de la cochenille n'est détruite que très lentement.

On peut encore caractériser facilement les sulfoconjugués azoïques du sulfoconjugué de la rosaniline. Ce dernier se décolore complètement par l'ammoniaque, tandis que les premiers restent colorés. Les dérivés azoïques se dissolvent presque tous dans l'éther acétique et dans l'alcool amylique en présence de l'ammoniaque, tandis que le sulfoconjugué de la rosaniline est entièrement insoluble dans ces conditions.

Quant aux derivés azoïques et phtaléïnes, on les détermine par les réactions suivantes :

1° Le vin est rendu fortement acide par l'acide sulfurique ou chlorhydrique, puis agité avec l'éther acétique ou avec l'alcool amylique qui se colore faiblement.

2° Le vin est saturé par un léger excès d'ammoniaque ou de potasse, puis agité avec l'éther acétique ou avec l'alcool amylique.

L'éther acétique ou l'alcool amylique est chassé par évaporation.

Une goutte d'acide sulfurique produit dans :

Rocelline (acide diazonaphtylsulfureux sur β naphtol). *Coloration — Violet Parme.*

Fond rouge (résorcine sur diazodinitrophénol). *Coloration Marron.*

Bordeaux R — Bordeaux B (diazonaphtaline et sels sulfoconjugués du naphtol β). *Coloration — Bleu.*

Ponceau R (diazoxylène et sels sulfoconjugués du naphtol β). *Coloratian Cramoisi.*

Ponceau RR — Ponceau RRR (dérivés des homologues supérieurs de la xylidine). *Coloration — Cramoisi.*

Ponceau B. *Coloration — Rouge.*

Rouge de Biebrich (action du β naphtol sur les dérivés azoïques sulfoconjugués de l'amidoazobenzol et inversement. Ces corps constituent les β naphtoltetrazobenzols sulfoconjugués.

Coloration — Vert foncé (avec les dérivés sulfoconjugués dans le noyau benzique).

Coloration — Bleu (avec les dérivés sulfoconjugués dans les deux groupes).

Coloration — Violet (avec les dérivés sulfoconjugués dans le groupe naphtol).

Tropéoline OOO1 et 2 (1 et 2 acide diazophénylsulfureux et naphtol α et β orangé 1 et 2 de Poirier). *Coloration — Rouge fuchsine.*

Tropéoline O, Chrysoïne (acide diazophénylsulfureux et résorcine). *Coloration — Jaune orangé*, virant au ponceau par une petite quantité d'eau, l'eau en excès ramène au jaune orangé.

Tropéoline Y (acide diazophénylsulfureux sur le phénate de sodium). *Coloration — Jaune orangé*, virant à l'orangé par l'eau.

Tropéoline OO (orangé 4 de Poirier) (acide diazophénylsulfureux sur diphénylamine). *Coloration — Violet rouge*; passant au violet parme avec un excès d'acide sulfurique.

Hélianthine (orangé 3 de Poirier) (acide diazophénylsulfureux sur diméthylaniline). *Coloration — Brun jaune*, virant au ponceau par l'eau en excès.

Eosine B (dérivé tétrabromé de la fluorescéine). *Coloration — Jaune.*

Eosine JJ. *Coloration — Jaune.*

Safrosine (nitrobromofluorescéine). *Coloration — Jaune.*

Ethyléosine (ce produit est précipité par le sel mercurique et présente en outre, comme la plupart de ces dérivés, un dichroïsme remarquable). *Coloration — Jaune.*

Séparation de la cochenille et de l'orseille du sulfuconjugué de la rosalinine. — Dans un mélange d'orseille ou de cochenille et d'acide sulfuconjugué de la rosaniline, on peut encore caractériser ces derniers corps en traitant quelques centimètres cubes du produit suspect par un léger excès d'acide chlorhydrique. On épuise alors par plusieurs traitements à l'alcool amylique (agitation et décantation successives) qui dissout complètement les produits de l'orseille ou de la cochenille et laisse dans la solution aqueuse la plus grande partie du dérive sulfoconjugué de la rosaniline.

Dans ces derniers temps, nous avons rencontré un dérivé de l'orcine, soluble dans l'alcool amylique et donnant avec l'acide sulfurique une coloration bleue semblable à celle des dérivés azoïqués du naphtol.

Cette matière colorante, dérivée de l'orcine, et qui se vend sous le nom de groséine, sert exclusivement à la coloration des sirops et des vins.

Il suffira, pour le caractériser, d'ajouter quelques gouttes d'ammoniaque au produit suspect pour obtenir la coloration violette des dérivés de l'orcine; les dérivés azoïques du naphtol ne donnent, par ce réactif, que des colorations rouge ponceau et jaune.

La réaction suivante permettra de distinguer ce produit des dérivés du naphtol.

Le produit, à l'état sec, est traité à l'ébullition par du zinc en poudre et de l'eau, puis humecté avec de l'ammoniaque, la masse est reprise par l'éther qui dissout une matière résinoïde. Cette matière, si on a à faire à un dérivé du naphtol, se dissout dans l'acide sulfurique concentré, en vert; par la chaleur, cette colorotion devient bleue, puis rouge vineux sale.

Si la liquenr reste incolore après les traitements à l'alcool amylique, il n'y a pas de sulfo de la rosaniline, si, au contraire, elle reste colorée en rouge et que par l'ammoniaque en excès la liqueur devienne incolore, on peut conclure à la présence de l'acide sulfoconjugué de la rosaniline; l'acide chlorhydrique concentré ramène au rouge vif la liqueur ammoniacale incolore.

Ajoutons encore que la cochenille ammoniacale n'est pas complètement enlevée des solutions aqueuses et acides par l'alcool amylique. Il faut donc, si l'on suppose un mélange de cochenille ammoniacale et d'acide sulfoconjugué de la rosaniline, avoir recours, pour les distinguer, à l'essai n° 3, en ayant soin de s'assurer, après la précipitation, par le sel de mercure, que la liqueur filtrée est légèrement alcaline. Dans ces conditions, toute la matière colorante de la cochenille reste à l'état de laque sur le filtre, — seul le sulfoconjugué de la rosaniline passe dans la liqueur.

On pourra s'assurer qu'il a été employé une quantité suffisante de sel de mercure pour précipiter la totalité de la laque de cochenille, en ajoutant à nouveau une petite quantité d'acétate mercurique, laissant reposer quelques minutes et filtrant à nouveau; si le produit renferme un sulfo de la rosaniline, la liqueur rosée doit se décolorer complètement par les alcalis et devenir rouge vif par un excès d'acide chlorhydrique.

L'orseille reste comme la cochenille ammoniacale à l'état de laque, en présence d'un excès de sel de mercure et de potasse. On pourra donc encore rechercher dans ce produit, par ce procédé, l'acide sulfoconjugué de la rosaniline, les tropéolines ou les orangés.

Pendant l'année 1881, le laboratoire municipal a analysé 3,361 échantillons de vins qui ont été classés ainsi :

Bons	357
Passsables	1.093
Mauvais non nuisibles	1.709
Mauvais nuisibles	202
TOTAL	3.361

L'examen de ces 3,361 échantillons a donné les pour cent suivants :

6,51 °/₀, maladies du vin (acide, amer, moisi, etc.).

9,55 °/₀, vinage.

24,45 °/₀, vins non plâtrés ou plâtrés à moins d'un gramme.

75,55 °/₀, vins plâtrés dont 52,53 plâtrés entre un et deux grammes et 23,02 plâtrés au-delà de deux grammes.

41,12 °/₀, mouillage produit par 25,26 défaut d'alcool et 30,40 défaut d'extrait.

3,30 °/₀, sucrage et raisins secs.

15,65 °/₀, coloration étrangère, dont 1,25 °/₀ nuisible et 14,40 non nuisible.

4,73 °/₀, salicylage.

0,18 °/₀, salage.

0,029 °/₀, alunage.

. . . .

Parlons maintenant de quelques autres falsifications assez usuelles.

VINAGE.

Le vinage des vins, c'est-à-dire l'addition d'alcool au vin, se pratique aujourd'hui sur une large échelle. Nous avons déjà dit que c'était l'opération qui, combinée à la coloration artificielle, permettait aux négociants peu scrupuleux de réaliser les plus grands bénéfices. La constatation du vinage n'est pas une opération simple et ne devrait pas prendre place dans notre brochure. Cependant, à cause de son utilité et peut-être parce qu'elle n'a pas été encore bien décrite, nous avons cru bien faire en demandant à M. J. Pi, de Perpignan, une note à ce sujet. M. J. Pi s'occupe depuis plusieurs années d'analyses de vins; il a examiné maintes fois des vins alcoolisés qui nous arrivent d'Espagne. Les experts pourront donc suivre rigoureusement son procédé que voici :

« Je constate le vinage des vins d'Espagne au moyen du dosage de la glycérine.

» M. Pasteur a donné les nombres suivants relatifs à la fermentation alcoolique du sucre de raisin : 100 de sucre donnent 48,46 d'alcool et 3,23 de glycérine (*gly.*).

» Nos essais personnels nous ont démontré que ces chiffres s'appliquent aussi à la fermentation vinique.

» Avec les vins faits par nous-mêmes et ceux dont nous connaissions bien l'origine, les résultats ont toujours été excellents. On comprend facilement que ces résultats dépendent pour un vin quelconque : 1° de la manière dont le vin a fermenté à la cuve ; 2° des manipulations subies par le liquide avant l'analyse ; 3° du procédé employé pour doser la glycérine.

» Voici comment nous opérons pour ce dosage : au bain-marie — la vapeur d'eau à la température de 90° environ — 50^{cc} de vin sont réduits à peser 12 à 15 grammes ; 1 gramme de chaux, calcinée et hydratée quelques minutes avant de s'en servir, est ajouté et bien mêlé ; la quantité d'eau du bain-marie est diminuée et le mélange est desséché à la vapeur d'eau à la température de 55° à 60°. — Avec une spatule, on remue, on rassemble, on étend, etc., de manière à obtenir un résidu bien homogène au point de vue de la dissécation. Ce résidu aura à la fin pour poids : 1° l'extrait sec des 50^{cc} du vin ; 2° 1^{gr} de chaux ajoutée ; 3° 1 à 2^{gr} d'eau non évaporée. — On laisse refroidir ; on ajoute 12^{cc} d'alcool à 95° et on pèse. — On broie de manière à réduire en pâte tellement divisée qu'on ne la sente plus à la spatule. — On remplace l'*alcool évaporé*, on ajoute 24^{cc} d'éther de 64° à 66° ; mêler, laisser reposer ; filtrer par décantation ; ajouter de nouveau 8^{cc} d'alcool ; broyer ; ajouter 16^{cc} d'éther ; mêler, filtrer en laissant tomber sur le filtre les parties ténues ; achever de laver avec 24^{cc} du mélange de 8^{cc} d'alcool et 16^{cc} d'éther. On laisse évaporer l'éther spontanément et on achève l'évaporation de l'alcool au bain de vapeur à 70° d'abord et à 60° à la fin. — La fin de l'évaporation doit avoir lieu dans une capsule de platine cylindrique à fond plat de 55 à 60^{mm} de diamètre. Bien avant la fin, il pourra se former un nuage floconneux ; filtrer. On évapore au bain de vapeur tant que le poids du contenu est supérieur à glycérine calculée augmenté de 0gr20. Avec un peu d'habitude et sachant qu'à 57° - 60°, 0gr500 de glycérine sèche, dans la capsule, ne perdent pas 0gr002 dans une heure, on arrive à n'avoir guère plus de 0gr100 en sus de la glycérine réelle; achever la dessication au dessiccateur à l'acide sulfurique, avoir soin que le liquide soit toujours bien étendu sur le fond de la capsule, laisser 24 heures et peser; puis, de 6 heures en 6 heures, peser jusqu'à poids constant.

» On élimine ensuite la glycérine au bain de sable. Le thermomètre horizontal, dans le sable, la capsule par dessus à le toucher, le sable remontant jusqu'à 0m005 de l'orifice de la capsule, la température de 180° 190° 200° sans jamais les dépasser. On arrête l'opération 15 minutes après les dernières vapeurs de glycérine. La différence des poids avant et après la dessication au bain de sable vous donne le poids de la glycérine contenue dans 50cc de vin. Afin d'avoir une limite des erreurs on calcinera au rouge sombre, ce qui donnera les cendres et les matières organiques du résidu. En pratique au lieu d'employer le rapport $\frac{gly}{a} = \frac{5,22}{48,46}$ nous prenons pour *gly* - le poids de glycérine de 1 litre de vin et pour *a - le titre alcoolique en volume*. Si le vin est pur le rapport de la glycérine à l'alcool sera de 0,53 : $\frac{gly}{a} = 0,53$; si le vin est viné le rapport de la glycérine à l'alcool est plus petit que 0,53. Exemple : un vin à 15° doit renfermer $15 \times 0,53 = 7^g\ 95$ de glycérine par litre. »

Dans la recherche du vinage on peut aussi tenir compte du rapport entre le titre alcoolique du vin et son poids d'extrait sec; l'extrait sec augmente ordinairement en proportion avec le degré alcoolique. Le rapport entre le poids de l'alcool et celui de l'extrait (sucre déduit) ne doit pas dépasser 4,0 à 4,5; le poids des cendres est ordinairement le 8e ou le 10e du poids de l'extrait sec. (Voir les tables construites par M. Houdart, l'inventeur de l'œnobaromètre.)

MOUILLAGE.

Le cadre que nous nous sommes imposé ne nous permet

pas de traiter la question du mouillage des vins. Nous renverrons à l'ouvrage de M. Armand Gautier, déjà cité, et nous signalerons l'œnobaromètre Houdard pour doser le poids de l'extrait sec des vins, construit par Salleron (prix : 6 francs).

ACIDE SULFURIQUE.

Les vins se conservent d'autant plus limpides, rouges et brillants qu'ils sont plus acides. C'est là une des raisons principales du plâtrage. Il se forme, en effet, par double décomposition, du tartrate de chaux insoluble et du bi-sulfate de potasse, jusqu'à épuisement du bi-tartrate de potasse contenu dans le raisin; le bi-sulfate de potasse étant beaucoup plus soluble que le bi-tartrate, les vins plâtrés sont nécessairement plus acides (1).

On a dernièrement conseillé d'ajouter de l'acide sulfurique pour clarifier les vins et pour remplacer avantageusement le plâtre. On a eu très grandement tort, parce que l'acide sulfurique ne remplace nullement le plâtrage et parce qu'en ajoutant du plâtre, on ne peut pas introduire de l'acide sulfurique en liberté dans le vin; tandis qu'en conseillant l'emploi de l'acide sulfurique, produit qui coûte très bon marché, on a exposé les propriétaires à en mettre beaucoup plus qu'il n'en fallait : nous avons analysé des vins qui renfermaient jusqu'à 2 grammes d'acide sulfurique libre par litre.

Ce mauvais conseil a été tout de suite exploité; il se vend aujourd'hui dans le commerce de l'acide sulfurique coloré par du caramel sous le nom de « *le clarificateur des vins.* »

L'acide sulfurique combiné se constate avec le réactif du plâtre. Il est aussi facile de constater l'acide sulfurique libre dans le vin. On fait évaporer au bain-marie, dans un vase quelconque en faïence ou porcelaine, le vin suspect jusqu'à consistance de miel. L'acide sulfurique n'a pas été

(1) Voir Repertoire de pharmacie et journal de chimie médicale réunis, tome v, page 48.

volatilisé et reste dans le résidu. Si on traite ce résidu par l'alcool, celui-ci dissout l'acide sulfurique libre et ne dissout pas les sels. On recherche, après filtration, l'acide sulfurique dans cette liqueur par le sel de baryte, comme nous le ferons pour le plâtre.

ACIDE SALICYLIQUE.

L'addition d'une quantité, pour ainsi dire infinitésimale, un dix-millième d'acide salicylique à une substance alimentaire, empêche les fermentations et assure par suite la conservation. Aussi a-t-on fait un véritable abus de cet acide, on en a mis partout, tellement que le gouvernement a été obligé d'en interdire l'emploi (1).

L'acide salicylique a été surtout ajouté aux vins blancs doux, peu alcooliques, pour éviter une deuxième fermentation, c'est-à-dire pour les empêcher de devenir mousseux. Il a été peu employé pour les vins rouges; l'acide salicylique altérant rapidement et le goût et la saveur de ces derniers.

M. Salleron, cet habile et savant constructeur, qui a rendu et qui rend tous les jours les plus grands services à l'œnologie, en mettant entre les mains des viticulteurs et des négociants en vins des instruments de précision, faciles à manier, leur permettant de se rendre compte de l'état d'un

(1) SALICYLAGE DES SUBSTANCES ALIMENTAIRES. La question du salicylage des substances alimentaires vient d'être soumise de nouveau par le ministre du commerce, au Comité consultatif d'hygiène publique de France.

Le Comité a confirmé ses deux décisions antérieures de 1880 et de 1882, en se refusant à fixer une dose maximum à tolérer et en se prononçant pour le maintien de l'interdiction absolue du salicylage.

Le rapport de M. Brouardel établit :

1° Que pour les personnes bien portantes, l'usage journalier d'une dose, même minime, d'acide salicylique est suspect, son innocuité n'étant pas démontrée ;

2° Que pour les personnes dont le rein ou le foie a subi une altération, soit par les progrès de l'âge, soit par une dégénérescence quelconque, l'élimination est irrégulière, et l'ingestion journalière d'une dose d'acide salicylique, quelque faible qu'elle soit, est certainement dangereuse.

vin sans avoir recours à un chimiste, a construit un appareil appelé salicymètre dont voici le fonctionnement :

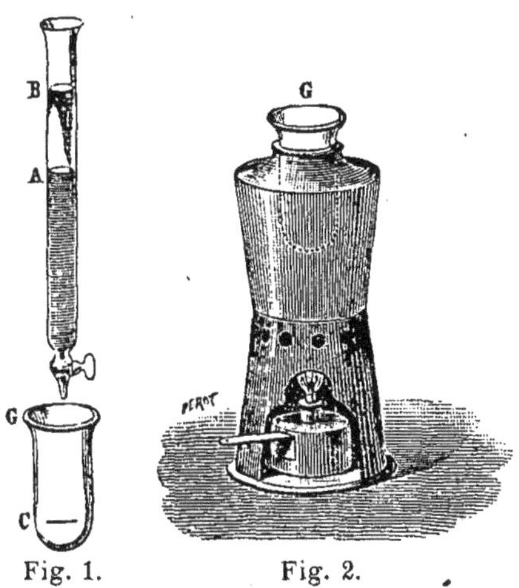

Fig. 1. Fig. 2.

1er Procédé. — L'acide salicylique se colore en violet sous l'action du perchlorure de fer; cette réaction est, jusqu'à présent, la seule qui permette de déceler la présence de cet acide, mais sa sensibilité et sa netteté sont excessives.

Pour que l'essai d'un liquide suspect ne puisse laisser place à aucune incertitude, il convient d'opérer en suivant les prescriptions suivantes :

1° *Transformer le salicylate de soude en acide salicylique.*

La conservation des boissons et des denrées alimentaires peut être obtenue aussi bien par le salicylate de soude que par l'acide salicylique, mais la réaction du perchlorure de fer ne se produisant qu'avec cet acide, il faut au préalable, transformer les salicylates au moyen de l'acide chlorhydrique. On verse dans le tube à robinet (fig. 1), et jusqu'au trait A, le vin ou tout autre liquide suspect; on y ajoute deux gouttes d'acide chlorhydrique, et l'on agite en retournant sens dessus dessous le tube préalablement bouché avec le doigt.

2° *Dissoudre dans l'éther l'acide salicylique contenu dans le vin.*

On verse par dessus le vin acidulé de l'éther sulfurique jusqu'au trait B, on ferme le tube avec le doigt, on le retourne à plusieurs reprises pour mélanger les deux liquides, on place le tube verticalement et on le laisse immobile jusqu'à ce que l'éther séparé du vin soit monté à sa surface. Par cette opération, l'acide salicylique qui était dissous dans le vin se trouve maintenant en dissolution dans l'éther.

3° *Décanter l'éther chargé d'acide salicylique.*

On ouvre le robinet R et on laisse écouler le vin sans le recueillir, ainsi qu'une petite quantité d'éther surnageant afin d'être bien sûr que la séparation des deux liquides est complète ; on ferme le robinet, puis on lave l'éther avec de l'eau distillée, on décante l'eau comme il a été dit pour le vin ; enfin on laisse écouler l'éther à son tour, mais en le recevant dans le vase de verre G (fig. 1).

4° *Evaporer l'éther et reprendre l'acide salicylique par l'eau.*

Il faut maintenant évaporer l'éther, afin d'isoler l'acide salicylique et le redissoudre dans l'eau. Cette évaporation peut être faite à la température ambiante, mais alors elle est très lente ; pour opérer plus rapidement, on plonge le godet G (fig. 1) dans de l'eau chaude, en ayant soin d'opérer loin de tout foyer, afin d'éviter l'inflammation des vapeurs d'éther. Pour opérer commodément, on fait chauffer de l'eau dans le bain-marie (fig. 2), et, quand elle est suffisamment chaude pour que la main ne puisse plus en supporter le contact, mais sans être trop chaude, afin que l'acide salicylique lui-même ne soit pas évaporé, on éteint la lampe et on plonge dans l'eau chaude le godet contenant l'éther. Ce dernier entre en ébullition et disparaît bientôt ; on redissout l'acide salicylique, qui a cristallisé au fond du vase, en y versant de l'eau distillée jusqu'au trait C.

5° *Constater la présence de l'acide salicylique par le réactif.*

On verse dans l'eau contenue dans le petit vase de verre deux ou trois gouttes de dissolution de perchlorure de fer (1) ; si le vin contient de l'acide salicylique, le liquide prend immédiatement une belle coloration violette, d'autant plus intense que la proportion d'acide est plus grande ; si, au contraire, le vin n'est pas salicylé, le mélange devient jaune.

La sensibilité du réactif est si grande, que la coloration violette est sensible quand le vin ne contient que 0gr,01 d'acide salicylique par litre (1 gramme par hectolitre).

2me Procédé. — Weigert (1880) recommande d'agiter vivement 10 à 20cc de vin avec 5cc d'alcool amylique. Une fois celui-ci séparé par le repos, on le décante et on le mélange avec un volume égal d'esprit de vin rectifié ; puis on ajoute quelques gouttes d'une solution de perchlorure de fer au 200e ; il y a instantanément production d'une coloration d'un beau violet en présence de traces d'acide salicylique.

ACIDE OXALIQUE.

L'acide oxalique a aussi été ajouté au vin. Le réactif du plâtre sert à le constater. On obtient par ce dernier un précipité blanc d'oxalate de baryte, soluble dans l'acide nitrique, tandis que le sulfate de baryte est complètement insoluble.

Recherche de l'acide tartrique libre.

Pour caractériser l'acide tartrique libre, on épuise l'extrait du vin par de l'alcool, le tartre reste à peu près insoluble tandis que l'acide tartrique libre se dissout; on évapore la solution alcoolique, on reprend le résidu par un peu d'eau, la solution ainsi obtenue doit précipiter par l'acétate de potasse et quelques gouttes d'acide acétique.

Pour s'assurer que le précipité formé est bien du tartrate, après décantation, on dissout le précipité dans le moins d'eau possible et on précipite par l'eau de chaux : le tartrate de chaux récemment précipité doit être soluble dans le chlorhydrate d'ammoniaque.

Les tartrates soumis à l'action de la chaleur doivent, du

(1) Cette solution est préparée en élevant au volume de 1 litre, par de l'eau distillée, 20cc de dissolution officinale de perchlorure de fer à 30° Baumé.

reste, donner nettement l'odeur caractéristique de sucre brûlé.

L'addition d'acide tartrique au vin ne saurait être considérée comme une falsification puisque le vin en contient naturellement.

PLATRAGE.

Dans le midi ou plutôt dans le sud-est de la France, il est d'usage d'ajouter à chaque comporte de raisins, avant de les verser dans la cuve à fermentation, quelques poignées de plâtre : c'est cette opération que l'on désigne sous le nom de plâtrage des vins.

Cette opération a pour but de rendre le vin plus limpide, plus brillant, et de hâter son dépouillement. Le sulfate de chaux (plâtre) transforme par double décomposition le bitrartrate de potasse (crème de tartre, sel peu soluble) en bisulfate de potasse, sel très soluble, et en tartrate neutre de chaux, sel insoluble. La réaction du plâtre sur la crème de tartre continue jusqu'à épuisement de la crème de tartre contenue dans le raisin, c'est pour cela que les marcs des vins plâtrés ne valent pas, comme engrais, ceux des vins non plâtrés, parce que presque toute la potasse a été enlevée à l'état de bisulfate de potasse. Les vins plâtrés sont nécessairement plus acides, puisqu'ils contiennent plus de bisulfate de potasse qu'ils n'auraient contenu de crème de tartre; le poids seul des cendres l'indiquerait suffisamment. Ce n'est pas en plâtrant le vin une fois fait qu'on le rend plus acide, mais bien en plâtrant les raisins. Les vins plâtrés sont plus brillants et se dépouillent plus vite parce qu'ils sont plus acides et parce que le tartrate neutre de chaux en se précipitant entraîne beaucoup de matières en suspension. Il est aussi admis que le plâtre précipite des matières albuminoïdes qui pourraient amener des fermentations secondaires. Toujours est-il que les vins plâtrés sont plus promptement *marchands* que les vins non plâtrés. Et il faut bien le dire, sans le plâtrage, beaucoup de vins du midi iraient à l'alambic, surtout lorsque les raisins un peu trop mûrs ont été salis par les pluies.

Cependant si la clarification des vins plâtrés est plus rapide, la conservation pendant de longues années est moins assurée. Les vins plâtrés mis en bouteille ne se bonifient pas comme ceux qui n'ont pas été soumis à cette opération. Les négociants du Bordelais et de la Bourgogne recherchent les vins non plâtrés : 1° afin que le coupage des vins de ces contrées où on ne plâtre pas, avec les vins du midi, ne puisse pas se reconnaître ; 2° parce que les vins plâtrés ne vieillissent pas.

Nous nous sommes élevé, dans le temps, contre le plâtrage; nous croyons encore qu'il est possible et préférable de remplacer cette opération par l'addition d'acide tartrique au moût, lorsque celui-ci n'est pas suffisamment acide.

Nous disions : Le propriétaire intelligent ne soutire le vin de la cuve à fermentation que lorsqu'il marque 0 au pèse-sirop ou au mustimètre Salleron.

Voici une réaction fort simple qui lui permettra de s'assurer si son vin renferme suffisamment d'acides, c'est-à-dire s'il se conservera limpide.

On fait une solution de carbonate de soude au 200me (1 gramme carbonate de soude, 200 gr. eau).

1 partie de vin fermenté et 4 parties de cette solution ne doivent guère changer de couleur. Si le mélange devient bleu verdâtre, on doit ajouter 15 gr. par hectolitre d'acide tartrique.

1 partie vin et 3 solution : changement de couleur ; ajouter de 30 à 40 gr. par hect.

1 partie vin et 2 solution : changement de couleur; ajouter de 50 à 60 gr. par hect.

1 partie vin et 1 partie solution : changement de couleur ; de 80 à 100 gr. par hect.

L'acide tartrique doit toujours être ajouté lorsque les raisins ont été salis par la boue et que les grains sont ouverts.

Nous sommes obligé de reconnaître, aujourd'hui, qu'il serait matériellement impossible de se procurer l'acide tartrique nécessaire pour acidifier tous les vins du midi qui en ont besoin. D'ailleurs, la dose maxima de 2 grammes de sulfate de potasse par litre, fixée par une circulaire du ministre de la justice aux procureurs généraux (août 1880), permet aux propriétaires du midi de plâtrer suffisamment leur vin pour obtenir un dépouillement rapide. Les vins dans lesquels cette dose de 2 grammes de sulfate de potasse serait dépassée peuvent servir à des coupages.

On constate le plâtrage des vins au moyen d'une solution de chlorure de baryum au dixième, qui donne immédiatement un précipité blanc avec les vins plâtrés. On a même abusé de cette réaction. Des marchands ambulants vendent sur les places publiques et vont offrir dans les maisons, à un prix très élevé, un petit flacon de solution de baryte pour reconnaître, disent-ils, la falsification du vin. Beaucoup de personnes se fiant à cette réaction ont ainsi rejeté de très bons vins plâtrés, pour donner la préférence à des vins colorés artificiellement et nuisibles, mais qui ne donnent pas de précipité avec les sels de baryte.

Pour constater si la dose de 2 grammes de sulfate de potasse par litre a été dépassée, on prépare une dissolution de 14g0068 de chlorure de baryum cristallisé et pur (Bacl; 2 aq.) dans 1 litre d'eau aiguisée de 50cc d'acide chlorydrique pur, le tout mesuré à + 15°; 10cc de cette solution précipitent exactement 0g10 de sulfate de potasse. On les ajoute à 50cc de vin à essayer; après ébullition et filtration, la liqueur ne doit plus se troubler au contact d'une nouvelle addition de chlorure de baryum; autrement, c'est que le vin contiendrait plus de 2 grammes par litre de sulfate de potasse. (*Marty*, 1877.)

M. Salleron a construit un gypsomètre qui permet de doser exactement la quantité de sulfate de potasse contenue dans un vin.

ALUN ET SEL MARIN.

L'alun a été introduit dans le vin soit seul, soit mélangé à l'acide tartrique, soit par la teinte de Fismes, toujours dans le but de rendre le vin plus acide. Comme nous avons promis de donner des procédés simples pour reconnaître toutes les falsificetions, voici celui que nous avons imaginé pour l'alun.

On lave du noir animal avec de l'eau acidulée par un dixième d'acide chlorhydrique, jusqu'à ce que l'ammoniaque ne donne plus aucun précipité, afin d'enlever tous les sels solubles dans les acides. On décolore le vin par ce noir animal ainsi lavé, on ajoute au vin décoloré un petit filet d'une solution de carbonate d'ammoniaque. Si le vin est naturel le liquide reste limpide, il ne se forme aucun précipité. Si le vin renferme de l'alun, le liquide se trouble plus ou moins et il se forme un précipité blanc floconneux, qui se dépose peu à peu et dans lequel on peut constater, à l'aide du chalumeau et du nitrate de cobalt, les caractères de l'alumine. L'alumine arrosée d'un sel de cobalt donne, au chalumeau, une masse bleue infusible.

Ajoutons à cela que les vins alunés renferment toujours de l'acide sulfurique, que l'on constate par le réactif du plâtre.

« M. Mauméné a trouvé de 4 à 7 grammes d'alun par litre de vin, on comprend sans peine le danger que présentent des vins alunés à pareille dose, ceux par exemple colorés à la teinte de Fismes.

» Pour caractériser l'alunage, il suffit de précipiter le vin acidulé par l'acide acétique par un petit excès d'acétate neutre de plomb, de laisser déposer et de filtrer; toutes les bases se retrouvent à l'état d'acétate dans la liqueur filtrée dans laquelle on précipite l'excès de plomb par l'acide sulfurique étendu ; on filtre; si on a affaire à un vin aluné, cette liqueur donnera par la potasse un précipité d'alumine souillé par un peu d'oxyde de fer. Pour isoler complètement l'alumine il suffit de dissoudre le précipité dans la potasse chaude, filtrer et précipiter l'alumine seule en saturant l'excès d'alcali par un acide.

» Le dosage de l'alumine se fait par les méthodes ordinaires en opérant sur les cendres du vin, sachant qu'un litre de vin naturel contient au maximum 0g02 d'alumine.

» Le dosage de chlorure de sodium se fait également sur les cendres. On pourrait du reste employer une méthode volumétrique calquée sur celle qui sert au dosage du sulfate de potasse ; en partant de ce fait qu'un vin naturel renferme rarement plus de 0g1 de chlore et qu'on peut admettre qu'un vin renfermant plus de 0g2 de chlore a subi l'opération du salage. »

(Extrait du rapport du laboratoire municipal de Paris.)

CONCLUSION.

Telles sont les principales falsifications que nous avons eu occasion de constater dans les vins. Nous engageons vivement MM. les propriétaires à ne jamais introduire dans le vin des substances hétérogènes.

Le vin, comme tous les produits destinés à l'alimentation, ne saurait être fabriqué par le chimiste. Dans les laboratoires on arrive certainement à reconstituer quelques produits naturels. Ces produits ont bien la même composition chimique que les produits fabriqués dans l'immense laboratoire de la nature, mais il leur manque.................... *quelque chose* que la science est incapable de leur donner. Et à ce sujet, nous oserons nous permettre de rappeler la réponse un peu impatiente d'un de nos plus grands chirurgiens, aux chimistes qui prétendaient réaliser tous les phénomènes de la digestion dans une cornue : « Je vous donnerai du carbonne, de l'hydrogène, de l'oxygène...... et tout ce que vous voudrez, faites-moi de la *m*.... »

Il ne faut pas cependant croire que la fabrication du vin doive toujours se faire de la même manière. Les travaux récents de nos éminents chimistes ont fait de cette fabrication une véritable science. Un propriétaire instruit peut, même dans une mauvaise année, faire un vin convenable, lorsqu'en suivant les procédés ordinaires personne ne pourrait en obtenir. Le problême consiste donc à chercher quels sont les éléments indispensables pour obtenir un bon vin et à restituer au raisin, au moment de la vendange, ceux de ces éléments dont il serait dépourvu.

Rodez, janvier 1884.

TABLE DES MATIÈRES.

	Pages.
Préface de la 4e édition	I
Avant-propos de la 1re édition	III
Préface de la 3e édition	IV
Coloration artificielle des vins	9
1er groupe. — Fuchsine et ses dérivés	14
Caramel rouge ou autre	18
Indigo	19
Campêche	20
Cochenille	21
Orseille	21
Colorants divers dérivés de la houille	22
2me groupe	24
Baie de Sureau	24
Teinte de Fismes	26
Rose Trémière	27
Hyèble et Myrtille	28
Phytolaque	29
Essai de teinture des étoffes par le vin	30
Recherches des matières colorantes dans les vins (extrait du rapport du laboratoire municipal de Paris)	31
Vinage	39
Mouillage	41
Acide Sulfurique	42
Acide salicylique	43
Acide Oxalique	46
Plâtrage	47
Alun et sel marin	49
Conclusion	51

Rodez, imprimerie RATERY-VIRENQUE, rue de l'Embergue, 21.

RÉACTIONS SOMMAIRES QUI PERMETTENT DE CONSTATER UN CINQUIÈME DE COLORATION ARTIFICIELLE DANS LES VINS

(CETTE DOSE EST LE PLUS SOUVENT ATTEINTE OU DÉPASSÉE).

RÉACTIFS.	VIN NATUREL	VIN A LA FUCHSINE OU CARAMELS	VIN aux divers colorants dérivés de la houille.	VIN A L'ORSEILLE	VIN AU CAMPÊCHE	VIN A LA COCHENILLE	VIN A L'INDIGO	VIN A LA MAUVE	VIN AU SUREAU OU HYÈBLE	CONCLUSIONS
Extrait de saturne Officiel (35° Baumé) — Extrait de saturne 5 gr. Vin 15 gr. Alcol 5 gr. Agiter fortement et filtrer.	Précipité gris bleuâtre plus ou moins foncé selon la nature du vin. — Liquide filtré incolore.	Précipité gris bleuâtre rosé et quelquefois sans trace de rose. — Liquide filtré rose.	Précipité gris sale avec une pointe de rouge surtout vu par transparence et étendue d'eau; quelquefois, mais rarement, sans trace de rouge. Liquide filtré le plus souvent incolore quelquefois rose.	Précipité gris bleuâtre, avec trace de violet. — Liquide filtré violet.	Précipité bleuâtre avec trace de marron quelquefois — Liquide filtré incolore.	Précipité bleuâtre avec une pointe de rouge. — Liquide filtré incolore.	Précipité bleu verdâtre vif. — Liquide filtré incolore ou légèrement bleu.	Précipité bleu verdâtre. — Liquide filtré incolore.	Précipité bleu foncé terne. — Liquide filtré incolore.	Toutes les fois que le précipité est ou violacé, ou marron, ou rougeâtre, ou bleu, le vit doit être coloré.
Borax (Borax 8 gr. eau distillée 100 gr.) — Vin 1 partie, borax 2 parties et plus si le vin est très acide. Regarder la couleur en plaçant derrière une feuille de papier blanc bien éclairée.	Bleu verdâtre avec une pointe de marron si le vin renferme de l'aramon.	Bleu verdâtre légèrement lilas,	Bleu verdâtre plus ou moins lilas. — Réaction plus sensible que la précédente.	Bleu violacé.	Marron ou bleu si le vin renferme peu de campêche. En portant le mélange à l'ébullition le marron apparaît.	Bleu violet.	Bleu légèrement verdâtre.	Verdâtre.	Bleu verdâtre avec une pointe de marron.	Toutes les fois que le mélange est ou violet, ou bleu, ou marron, ou vert, le vin doit être coloré.
Alun ammoniacal (Alun 10 gr. eau distillée 100 gr.) — Vin 1 partie, alun 3 part. porter à l'ébullition.	Rouge brique.	»	»	»	Il fonce en couleur et devient légèrement violet.	»	Il fonce et bleuit légèrement.	Se fonce beaucoup et devient violet.	Se fonce légèrement.	Toutes les fois que le mélange porté à l'ébullition se foncera en couleur, soupçonner un colorant.
Coloration de la laine — Faire bouillir quelques centimètres de laine blanche à broder et de soie avec du vin et évaporer presque à siccité. Dégorger fortement la laine et la soie dans de l'eau.	Laine peu colorée, couleur lie de vin. — L'eau ammoniacale (1 gr. ammoniaque, eau 100 gr.) la fait virer au vert jaunâtre.	Rouge. — L'eau ammoniacale ne change pas la couleur et si la laine verdit un excès d'eau ramène peu à peu la couleur rouge.	Rouge intense. L'eau ammoniacale fonce la couleur en la faisant passer généralement au marron; si la laine verdit un excès d'eau ramène peu à peu la couleur rouge. Réaction caractéristique.	Rouge violet. — L'eau ammoniacale la bleuit.	Marron violet. — L'eau ammoniacale fonce beaucoup la couleur.	Rosée. — L'eau ammoniacale ne change pas la couleur ou la verdit à peine.	Bleue. — L'eau ammoniacale avive la couleur en la verdissant.	Marron cendré. — L'eau ammoniacale la rend vert sale.	Brun cendré. — L'eau ammoniacale fonce la couleur en la verdissant.	Toutes les fois que la laine sera bien colorée, en rouge; violet, bleu ou marron, que l'eau ammoniacale ne la fera pas virer au vert ou qu'un excès d'eau ramènera peu à peu la couleur rouge, le vin est coloré artificiellement.

Répéter toutes ces réactions sur plusieurs vins de différents cépages pour bien se rendre compte des nuances. Ne jamais conclure sur une seule réaction.

www.ingramcontent.com/pod-product-compliance
Ingram Content Group UK Ltd.
Pitfield, Milton Keynes, MK11 3LW, UK
UKHW021134230726
13926UKWH00002B/789